よくわかる
機械の制振設計

防振メカニズムと
フィードフォワード制御による対策法

三好孝典 [著]
Miyoshi Takanori

日刊工業新聞社

は じ め に

　本書は，振動対策に困っている技術者，悩んでいる設計者に読んでもらいたい本である．

　企業の開発・設計現場では，振動現象を思い込みや伝聞，これまでの慣習によって誤解している例が少なくない．そのために的外れの対策になっていることも多々ある．本書では正しい振動理論に立脚して，それらの間違いを指摘し，振動の正体を解きほぐしていく．さらに，フィードフォワードによる振動制御の手法を伝授する．

　フィードフォワード制御はセンサを使用しないので，コストパフォーマンスの良い振動抑制が可能である．また，機構や回路の設計変更を伴わないので，喫緊の課題にも対応可能である．「位置決めがピタッと決まらない」「振動が収まるのを待つのでタクトタイムが短くできない」「もう機械も電気も設計が終わっていて，これ以上修正できない…」，「もう出荷だ．明日までにこの振動を止めてくれ！」．そのような現場で一度は試す価値のある方法である．明日までにというと大げさに聞こえるが，本書で紹介しているプリシェイピング法は，本当にたった1日で振動抑制にチャレンジできる．

　「制御」というと多くの書籍が発刊されているが，そのほぼ全てがフィードバック制御理論に関するものである．原稿執筆時点でamazonにて検索すると，「フィードバック制御」が161件に対して「フィードフォワード制御」はたったの2件である．その2件も1件は本書で，もう1件は制御工学全般を網羅的に紹介した一般書である．フィードフォワードを詳しく解説した技術書としては，本書は日本で初めての書籍かもしれない．

　大学の授業でも「制御」といえばフィードバック制御に関する授業である．その有効性に疑念をはさむ余地は全くないものの，部品点数が増えて高コスト化する，パラメータチューニングを間違えると振動・暴走してしまう，手間ひまがか

はじめに

かり開発時間が増大する，などの問題が生じがちである．1日でフィードバック制御を導入するなど，絶対に不可能である．

フィードバックとフィードフォワードは「治療」と「予防」の関係である．生じてしまった振動を止めるのがフィードバック．振動が起きないように予防するのがフィードフォワード．どちらが重要であるというわけではなく，どちらも重要である．どちらかだけでは片手落ちと言えよう．インフルエンザの通院には時間もお金もかかるが，手洗い・うがいなら，ほんの30秒で済む．病気で苦しむ前に，病気にならないように予防する．これが本書の"フィードフォワード制御による対策法"である．

本書には，会社員時代の13年間に蓄積された，振動対策のノウハウが余さず詰め込まれている．筆者が大学に移ってから，恩師寺嶋一彦教授にご教授頂いた理論的思考のエッセンスも濃縮されている．その恩師も3月に退職を迎えられることとなり，これまでのひとかたならぬご指導とご恩に感謝の言葉も見つからない．また，企業様との共同研究では，村田機械株式会社の東俊光様，株式会社近藤製作所の深谷賢司様，さらに，ともに防振フィードフォワードに取り組んだ新潟大学の今村孝准教授，山梨大学の野田善之准教授に，深く感謝の気持ちを捧げたい．

最後に，本書を執筆するに当たり，筆が進まず遅れに遅れた原稿を超特急でチェックし，出版までこぎつけて下さった日刊工業新聞社書籍編集部の天野様をはじめ，関係の皆様に深く御礼を申し上げる次第である．

2018年2月

著者

目　　次

第 1 章　振動のメカニズムを知ろう……………………………………1

1-1　振動の何が悪いのか………………………………………………………2
1-2　振動と振動制御の分類……………………………………………………4
1-3　振動発生のメカニズムに基づく共振周波数の導出……………………7
　（1）教科書で一般に使用される方法…………………………………………7
　（2）エネルギー変換の関係を用いる方法……………………………………8
　Column ①　虚数 i は実在するか（1）……………………………………10
1-4　対象とする機械系と周波数伝達関数……………………………………12
1-5　ボード線図と陥りやすい錯覚……………………………………………19
　Column ②　虚数 i は実在するか（2）……………………………………22
1-6　フーリエ変換の意味………………………………………………………23
1-7　振動抑制の原理……………………………………………………………26
　Column ③　テスターの電気屋，ノギスの機械屋………………………31

第 2 章　振動制御の常識・非常識………………………………………35

2-1　S字カーブは本当に振動を抑制するか？………………………………36
2-2　バネは本当に振動を励起するか？………………………………………44
2-3　ラグランジュの運動方程式の簡単化した解説…………………………49
2-4　剛性を上げることは振動抑制につながる？……………………………53

目次

2-5　ピシッと位置決めをするサーボが良いサーボではない………………… 57
　　Column ④　複素数のイメージの難しさ ………………………………… 66

第3章　プリシェイピング法による振動抑制 ……………………………… 69

3-1　プリシェイピング法の原理―共振を抑える制御法 ……………………… 70
3-2　プリシェイピング法の定式化 ……………………………………………… 74
　（1）インパルス応答の導出法 ………………………………………………… 76
　（2）減衰振動に対するプリシェイピング法 ………………………………… 78
3-3　プリシェイピング法による防振の効果 …………………………………… 80
3-4　反共振の特性はなぜ生まれる？ …………………………………………… 83
3-5　ノッチフィルタとの比較 …………………………………………………… 87
3-6　共振周波数が2つ以上あるときの対応 …………………………………… 90
3-7　プリシェイピング法のケーススタディ …………………………………… 92
3-8　プリシェイピング法の欠点は ……………………………………………… 96
　　Column ⑤　表社会 $\sin \omega t$ と裏社会 $e^{j\omega t}$ ………………………………… 96

第4章　デジタルシステムにおけるフィードフォワード制御 ………… 101

4-1　非線形最適化手法 …………………………………………………………… 102
4-2　時間多項式によるフィードフォワード制御 ……………………………… 104
4-3　時間多項式による2次元搬送 ……………………………………………… 111
4-4　状態表現によるモデル化 …………………………………………………… 116
4-5　モデルの離散化 ……………………………………………………………… 120
4-6　境界条件・制約条件の導出 ………………………………………………… 126
4-7　最適性の定式化 ……………………………………………………………… 129

4-8　Excelによる防振プロファイルの導出 ……………………………………… 132
  4-9　Scilabによる防振プロファイルの導出 ……………………………… 136
　　（1）プログラム詳解 ……………………………………………………… 136
　　（2）制約付防振プロファイルの例 ……………………………………… 138
　　（3）加速度の制約・不等式制約 ………………………………………… 139
　　プログラム1　Scilabによる2次計画法 ……………………………… 142
  4-10　MATLABによる防振プロファイルの導出 ………………………… 144
　　プログラム2　MATLABによる2次計画法 …………………………… 148

第5章　実プラントへの適用事例 …………………………………… 151

  5-1　スタッカークレーンへの適用例（取材協力：村田機械L&A事業部）…… 152
　　（1）本当にうまく制御できるのか ……………………………………… 154
　　（2）スタッカクレーンへの応用 ………………………………………… 158
  5-2　マテリアルハンドリング装置への適用例（取材協力：近藤製作所）…… 161

　索　引 ……………………………………………………………………… 167

第1章

振動のメカニズムを知ろう

第1章　振動のメカニズムを知ろう

1-1　振動の何が悪いのか

「世に盗人のタネは尽きまじ」とは石川五右衛門の名セリフだが，まさに「世に振動のタネはつきまじ」である．世の中のありとあらゆる機械に，エコ，低コスト，超軽量，超高速...と厳しい要求が突きつけられる中，軽量化すればどうしても機械剛性が犠牲になり，振動が問題になってくる．高速化すればどうしても駆動加速度が増加し，振動が問題になってくる．低コスト化の要求によって，軽くて強い好都合な材料は使いにくい．エコ化によってパワーは制約され，アクチュエータは機械に振り回される．おそらく「振動」で苦労をされている技術者の方はゴマンといらっしゃるに違いない．言うまでもなく，筆者もその一人である．

「振動で位置決めの精度が良くない」，「振動で切削痕が汚い，軌跡が乱れる」，「振動で位置決めに時間がかかって機械のスループットが上がらない」，「振動で音がうるさい」，「振動で○×□...！」．最近話題の3Dプリンタで言えば，樹脂の積層が乱れて表面性状が劣化するのも悪さのひとつだろう．某社の3Dプリンタは何百万円もするものであるが，使ってみるとどうにも斜め線がよれて積層が汚い．これも振動の問題点である．

頻繁に用いられるステッピングモータによる位置決めシステムの最大のメリットは，低価格であること，構成が簡単になることに尽きる．デメリットはパワーが小さい，脱調を起こして位置決めができなくなるなどであるが，外乱の少ない環境下で軽負荷のものを移動させる分には十分であるため，現在でも小型モータのうち1/8程度がステッピングモータで占められていると言う[1]．脱調を引き起こすひとつの要因が機械の共振，すなわち振動である．もちろん摩擦抵抗が大きいこと，モータ軸換算のイナーシャが大きいことも大きな要因であることは言うまでも無いが，これらは最初から設計者の考慮に入っており，比較的初期の段階でトルク不足を予見・修正しやすい．しかしながら，振動によってモータが押し

引きされて発生する脱調は，試作機を実際に動かして現象が露見するまで見落としがちな点である．

　本書の狙いは，低コストでセンサを使用しないフィードフォワードによる振動抑制の方法を提案し，実際に現場の技術者に振動抑制のキラーコンテンツとして適用してもらうことである．世の多くの振動制御の書籍はフィードバック制御理論に立脚しているが，これはシステム構築に手間暇がかかり，センサを用いるため高コストである．また，フィードバックには暴走の危険がつきまとうが，本書で提案する方法にはそのような懸念はない．

　もう一つの狙いは，何とかやっつけ仕事で振動問題の急場をしのいだ技術者の「あの方法でどうしてうまくいったのかなあ？」，「この方法でうまく行くはずなのに，なぜダメだったのだろう？」という疑問に「ああ，あれはこういう事だったんだ」，「なるほど，そういうこともあるのか」と，合点のいく解説を行うことである．筆者が駆け出しの技術者のころから疑問を抱き続け，目からウロコがとれるまで十年以上かかった事例も取り上げている．

　今後の業務の一助となれば幸いである．

第1章 振動のメカニズムを知ろう

1-2 振動と振動制御の分類

　そもそも，振動とはなんであろうか．振動工学ハンドブック[2]によると，「ある座標系に関する量の大きさが，その平均値または基準値よりも大きい状態と小さい状態とを交互に繰り返す変化」とある．どのように繰り返すかというと，高校で習ったように，ポテンシャルエネルギーと運動エネルギーがその形態を互いに継続して変換し合う．多くの機械振動では，弾性体の歪みというポテンシャルエネルギーと，物体の速度という運動エネルギーが交互に変化し合いながら，位置座標の大小を変える．電気系の振動，すなわち発振というものも同じで，電位というポテンシャルエネルギーと，電流という電子の運動エネルギーが交互に変化しながら発振を継続する．

　エネルギーの変換には，変換しやすい周期がある．あまり早くにも変化しにくいし，あまり遅くも変化しにくい．最も変化しやすい周期が固有周期（単位 s）や共振周波数（単位 Hz），固有角周波数（単位 rad/s）と呼ばれ，**図 1-1** の周波数特性を描いた時のピークとなって表れる．1-3 節の「振動発生のメカニズムに基づく共振周波数の導出」では，この原理に基づいて共振周波数を計算しているのでお楽しみに．

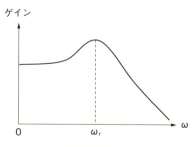

固有角周波数[rad/s]
共振周波数[Hz]

■図 1-1■　典型的な振動系の周波数特性

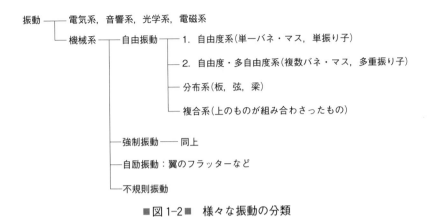

■ 図 1-2 ■　様々な振動の分類

　さて，一口に振動というが，様々な種類のものがある．**図 1-2** にその一覧を示す[2]．自由振動とは，外部からのエネルギーの投入が無い状態での振動，強制振動とは外部から周期的なエネルギーが投入され，発達した振動を引き起こす現象である．自励振動は外部からの定常的なエネルギーが振動エネルギーに変換される振動を言う．本書では，このうち自由振動を抑制することを目的としている．この場合の自由振動は，加速や外力などによって一時的に発生した振動がその原因が失われたあとも持続的に生じている，言わば残留振動である．

　なお，ステッピングモータを使用した場合，ある特定の回転速度でモータと機構が共振して大きなビビリ音を発生する場合がある．これは強制振動とも言えるし，定常的な回転エネルギーを特定の振動に変換すると言う意味で自励振動とも捉えられる．いずれにしても本書では対象外とする．

　次に，振動制御を分類してみよう．「振動制御」とは先の定義に基いて，「ある座標系の状態の大小の変化を平衡状態に整定させる行為」，もしくは「平衡状態を維持するよう，外部からのエネルギーを阻止，または抑制する行為」，と定義し，前者を制振，後者を遮断・防振と区別して呼ぶことにする．日常ではこれらの言葉は混在して用いられているが．

　一口に振動制御といっても様々な方式がある．**図 1-3** にその一覧[3]を示す（[3]を著者によりアレンジしてある）．先に述べた様に，まず遮断・防振（以下，防

第1章 振動のメカニズムを知ろう

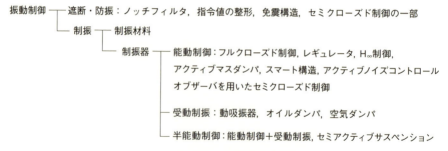

■図1-3■　様々な振動制御の分類

振と呼ぶ）と制振に分けられる．防振では，振動エネルギーをろ過して遮断するためのノッチフィルタや，運動の指令から振動エネルギーを取り除く方法（本書で詳述）などを含む．一方，機械系の多くの制振では，機械エネルギー（ポテンシャルエネルギーや運動エネルギー）を熱エネルギーに消散させて平衡状態に移行させるが，その方法も材料によるものと，何らかの制振器（装置）を用いるものに分けられる．

　その制振器は，さらに，能動制御，受動制振と，その組み合わせの半能動制御に分けられる．能動制御とは，知的制御を用いて積極的に制振するもので，サーボシステムはもちろん，ある一定の位置に機構を制御するレギュレータや，地震の際の建物の制振に用いられるアクティブマスダンパ等がある．受動制振とは，動吸振器などのメカニカルな機構のみで制振するものであり，半能動制御とは能動制御と受動制振の組み合わせによるもので，自動車のセミアクティブサスペンションなどがある．いずれの制振器を用いるにしろ，ハードウェアを使用するために，本書で提案するフィードフォワード制御による防振よりもコストが上昇することになる．

1-3 振動発生のメカニズムに基づく共振周波数の導出

　前節で「多くの機械振動では，弾性体の歪みというポテンシャルエネルギーと，物体の速度という運動エネルギーが交互に変化し合いながら，位置座標の大小を変える」ことが振動発生のメカニズムであると述べたが，この原理を用いてバネ・マスシステムの共振周波数を具体的に求めてみよう．**図1-4**は，固定端に接続された伸縮可能なバネ定数k［N/m］のバネ先端に質量m［kg］の質点が取り付けられており，この質点がx軸の直線上を振動する状況を示している．理解を深めるため，**1. 教科書で一般に使用される微分方程式を解く方法**と，**2. エネルギー変換の原理を用いる方法**との双方で求めてみる．

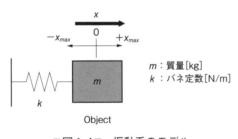

■図1-4■　振動系のモデル

(1) 教科書で一般に使用される方法[4, 5]

　まず，運動方程式$m\ddot{x}=-kx$を立て，この微分方程式の解から共振角周波数$\omega_n=\sqrt{k/m}$［rad/s］を得る．あるいは，$x=a\sin\omega_n t$の解を先に仮定し，運動方程式に代入することによって$-ma\omega_n^2\sin\omega_n t=-ka\sin\omega_n t$を得，$\omega_n$について解いて$\omega_n=\sqrt{k/m}$を導く．なお，共振周波数$f$［Hz］は$f=\dfrac{1}{2\pi}\sqrt{k/m}$である．

(2) エネルギー変換の関係を用いる方法

(1)の方法は定番で，たいていの教科書に掲載されている方法だが，なんとなく「計算したらこうなりました」感がぬぐえない．それで振動を理解したことになるだろうか．もっと本質的な「エネルギーの相互変換」を中心に考えてみたらどうなるだろうか．

まず図1-4において，質点が原点を中心に，座標 $-x_{max}$ [m] から $+x_{max}$ [m] の間の往復運動が生じている状態を考える．摩擦等のエネルギー損失が無ければ，ポテンシャルエネルギーと運動エネルギーの変換を行いながら，この運動は永続的に続くはずである．最もポテンシャルエネルギーが高い状態は質点が座標 $-x_{max}$ 若しくは $+x_{max}$ に存在する瞬間で，その値は $\frac{1}{2}kx_{max}^2$ [J] である．このポテンシャルエネルギーの全てが運動エネルギーに変換され，運動エネルギーが最も高くなる状態は質点が原点を通過する瞬間で，このときの質点の速度を $-v_{max}$ [m/s]，$+v_{max}$ [m/s] とすると，運動エネルギーは $\frac{1}{2}mv_{max}^2$ [J] である．

エネルギーの損失が無ければ $\frac{1}{2}mv_{max}^2 = \frac{1}{2}kx_{max}^2$ であるから，$v_{max}/x_{max} = \sqrt{k/m}$ の関係が成り立つ．

さて，ここで時間と共に進行する往復運動を**図1-5**のように回転現象の投影と考える．後のコラムで虚数との関係に触れながら後述するが，**全ての実現象は回**

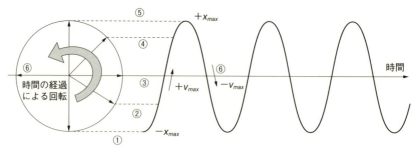

■図1-5■　単振動の回転表現と時間応答

転運動の投影であると考えることが，あらゆる数学的操作を物理的に理解しやすくするコツである．「往復」という現象は，運動を数式で記述する上で極めて取り扱いにくい．行きつ戻りつの現象であるから，結果として同じ座標値をとったとしても，何回目のその場所なのか，行きつの途上（正の速度）なのか戻りつの途上（負の速度）なのか，などの切り替え表現が難しいためである．一方，回転運動であれば時間の流れに対して一方的な現象の進行ととらえることができる．

　図1-5右図は，時間の経過に応じて質点が $-x_{max}$〜$+x_{max}$ 間を移動する単振動の様子を表しており，左図はそれを回転運動に見立てた図である．例えば両図の①点では質点の位置が $-x_{max}$ で最もポテンシャルエネルギーが高い状態になっており，③点は質点の位置が原点で速度が $+v_{max}$，すなわち運動エネルギーが最も高い状態である．⑤点は質点の位置が $+x_{max}$ となり再びポテンシャルエネルギーが最大となり，⑥点は質点の速度が $-v_{max}$ となって運動エネルギーが再び最大となる点である．これを左図に対応させると時間の経過に応じて①点→③点→⑤点→⑥点と，回転運動を行いながらエネルギー変換が行われている様子を示している．

　では，この回転運動の一回転にかかる時間はどれくらいだろう．左図は回転運動であり，回転半径は明らかに x_{max} である．回転運動の周速は回転の周速がそのまま投影されて観測される場所③点，あるいは⑥点の速度であり，$+/-v_{max}$ である．①点や⑤点では実現象の速度は一旦停止状態，すなわち0であるが，これは実世界でそう見えているだけであり，投影元の回転運動としては継続的に周速 v_{max} で運動し続けている．半径 x_{max} の円の円周 $2\pi x_{max}$ を周速 v_{max} で回るのであるから，一回転に要する時間 T_n [s] は $2\pi x_{max}/v_{max}$ であり，既にエネルギー保存の関係から $v_{max}/x_{max}=\sqrt{k/m}$ を得ているので $T_n=2\pi\sqrt{m/k}$ を得，共振周波数 f [Hz] は $f=\dfrac{1}{2\pi}\sqrt{k/m}$ となる．当然であるが，この値は（1）と一致する．

　（2）の方法に運動方程式は必要ない．振動の本質をエネルギー変換と捉え，それに必要な時間をエネルギー保存則から求めるだけで共振周波数を求めている．**共振周期はエネルギー変換に必要な時間**だと認識しておくと理解が深まるだろう．

なお，このようなシンプルな計算が可能なのはポテンシャルエネルギーと運動エネルギーが完全に交代する単振動の場合だけで，複数の振動モードがある場合は，さすがに運動方程式を解いて求める必要がある．

Column ①

虚数 i は実在するか（1）

i は虚数と言うが，確たる実体の無い i（愛）は虚しいものである．「2乗して -1 になるもの．そんなもの実体はないのだが，とにかく使え．」と高校で師から初めて教えを受けた時から，出エジプトならぬ理系の苦難の旅が始まる．どうして実体のないものを教えるのか？　と疑問に感じながらも受験の試練を潜り抜け，ようやく大学と言う名のシナイ山へたどり着いたと思ったら，教授から複素数の十戒を授かる．「べき級数！，ハイパボリックタンジェント！，マクローリン展開！，コーシー積分！...そして留数定理！」．まさに「汝，理解する無かれ」と言わんばかりの意味不明な言葉の降臨である．本当に技術者に必要な知識なのだろうか？　正直，どれも会社で使ったことは無いのだが．

そもそも高校からのスタートが間違っていると私は思う．"技術者"にとって i は実体のない架空の存在ではない．きっちりと工学的に意味のある存在だ．数学者から見れば私の説明はデタラメだろうが，私は技術者なので正確さよりも技術者にとってのわかり易さを重視したい．

さて，i とは何か？　ズバリ，x–y 平面において 90°回転させるもの，である．確実に目に見える存在だ．図①-1 をご覧頂きたい．i 軸（虚軸）とは，基準となる x 軸を 90°回転させた y 軸と同一の存在である．数字の i とは $1 \times i$ だから，基準となる x 軸上の 1 を 90°回転させたもの，すなわち i 軸（y 軸）上の 1 である（a 点）．$2i$ とは $2 \times i$ だから，x 軸上の 2 を 90°回転させたもの，すなわち i 軸上の 2 である．何一つ難しいことはない．$-1+i$ とは x 軸の -1 と i 軸の 1 の合成だから，図の b 点である．これらの実数と虚数

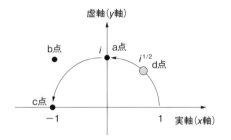

■図①-1■　虚数とは90°回転を表す

で表す数を複素数，実軸と虚軸で表す平面を複素平面と呼ぶのは高校で習った通りである．

　では，i^2とは何か？　基準となるx軸上の1を一回，90°回転させて（a点），さらにもう一回90°回転させるから，c点，すなわち-1の点になる．これが$i^2=-1$の正体である．2乗とは2回，90°回転させることを意味する．こう考えればiは何も難しいことは無いし，実体の無いものでもない．最初からそう教えてくれればいいのに...

　では，45°のような中途半端な回転を表したい時はどうすれば良いのだろう．iは90°回転だから半分の$0.5i$？　これではx軸上の0.5を90°回転させることになるので違う．iの2乗で180°回転，1乗で90°回転だから1/2乗？　大正解！　$i^{1/2}$は45°回転である（図①-1のd点）．同様に，30°なら$i^{1/3}$，1 [rad]の回転なら，1乗で$\pi/2$ [rad]＝90°の回転なので$i^{2/\pi}$である．これでいいのだ！（ここでは$z^2=i$となるzを$i^{1/2}$と表現している）（コラム②へ続く）

1-4　対象とする機械系と周波数伝達関数

　本書で振動制御の対象とする機械系を明らかにしておこう．それは具体的には，**図1-6**の構造などを持ち，全体としてはオープンループ制御の**図1-7**のブロック図を想定している．例えば，OA用機器や小型産業用機器などの高速位置決め装置，液体搬送やクレーン搬送装置などが該当する．まず，左からPLCなどで作られた時々刻々の目標位置がパルス発振器に入力され，パルス発振器はパルス列を制御器（モータドライバ）に入力される．ここまでが指令系である．もっとも最近はパルス発生器を用いず，直接シリアル通信で制御器に目標位置が与えられる場合がほとんどである．制御器ではステッピングモータの所定の位相に電流を流し，位置決めを行う．これらが制御系である．1-7節の「振動抑制の原理」で

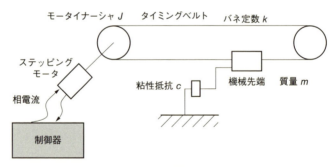

■図1-6■　位置決め機構のイメージ図

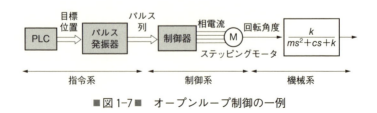

■図1-7■　オープンループ制御の一例

も説明するが，ここがサーボモータを用いたセミクローズドループになっていても同様である．モータの先は機械系で，ギヤやプーリなどを介して回転運動から直線運動に変換され，タイミングベルトなどの低剛性のバネ系（バネ定数 k [N/m]）の先に質量 m [kg] の機械先端部が取り付けられているものとする．その機械先端部はローラで滑り良くフレームに固定されているが，ある程度の粘性抵抗 c [N/(m/s)] を持つとする．すなわち，機械系全体では伝達関数 $\dfrac{k}{ms^2+cs+k}$ を持つひとつの共振モードのバネ・マス・ダンパ系が構成されているものとする．実際の機械では，2次モード・3次モードの共振を持つ場合が多くあるが，その場合も振動抑制の原理は変わらない．

念のため，図1-6の機構の周波数伝達関数を確認しておこう．一般にはラプラス変換を用いるが，ここでは微分方程式の信号の入出力関係からダイレクトに導出することにする．さて，3章末のColumn⑤において「全ての信号はグルグルと回転している $e^{j\omega t}$ の波形の組み合わせで表現できる」と書いている，その手法を用いよう．まず，図1-6を抽象的に**図1-8**のように考える．前後に移動する駆動端にバネ定数 k [N/m] のバネと質量 m [kg] の質点が取り付けられており，その質点は粘性係数 c [N/(m/s)] のダンパを介してフレームに接続されている状態である．この駆動端の運動はモータ側プーリによる直線運動である．この時，駆動端 x が継続的な正弦波状の往復運動を行う（入力）とすると，機械先端の位置（出力）の座標 y は，**図1-9**のような波形として観測される．すなわち，入力

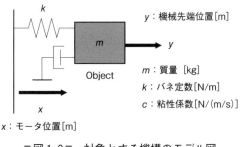

■図1-8■　対象とする機構のモデル図

第1章 振動のメカニズムを知ろう

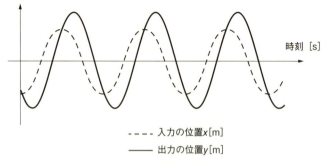

■図1-9■ 正弦波の入出力関係

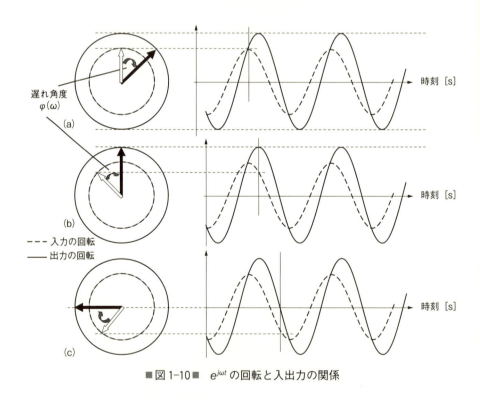

■図1-10■ $e^{j\omega t}$ の回転と入出力の関係

波形が正弦波なら出力波形も正弦波になるが，その振幅と振幅がピークとなる時刻は入力と出力では異なる．これを回転運動として解釈すると，**図1-10** のよう

になる．振幅の違いは回転半径の違いであり，ピーク時間の違いは入力と出力の回転角度の違いによってもたらされる．例えば，図1-10(a)において，右図縦線の瞬間の回転ベクトルの位置は，入力の回転においては白矢印であり，出力の回転においては黒矢印である．その瞬間の波形の大きさは入出力とも同じであるが，それは裏社会が投影された表社会でたまたま一致しているだけで，裏社会では異なる回転ベクトルとなっていることが明確にわかる．図1-10(b)の右図縦線の瞬間の回転ベクトルの位置も，入力の回転においては白矢印であり，出力の回転においては黒矢印である．さらに，図1-10(c)においても同様である．このように，**入力の回転ベクトルに対して出力の回転ベクトルは，ある倍率αとある角度の遅れϕ [rad] を持っている**．これがゲインと位相と呼ばれるもので，双方とも角速度（回転速度）ω [rad/s] によって値が変化するので，それぞれωの関数としてゲイン$\alpha(\omega)$，位相$\phi(\omega)$と表記される．ωが一つに決まれば，これらの値は時間などの影響を受けない定数となる．では，この$\alpha(\omega)$，$\phi(\omega)$を運動方程式から具体的に求めてみよう．

図1-8の運動方程式は，式(1-1)で表現される．$x(t)$は駆動端の位置，$y(t)$は機械先端の位置である．

$$m\ddot{y}(t) = -k(y(t)-x(t)) - c\dot{y}(t) \tag{1-1}$$

ここで入力$x(t)$として大きさ1，回転角速度ω [rad/s] の回転運動$x(t)=e^{j\omega t}$を考え，出力$y(t)$として回転半径の大きさがゲイン$\alpha(\omega)$で，位相が$\phi(\omega)$ずれた$y(t)=\alpha(\omega)e^{j(\omega t+\phi(\omega))}$を考える．べき指数の中の$\omega t+\phi(\omega)$とは，回転角度が$\omega t$よりも$\phi(\omega)$ずれて回転することを意味している．例えば，$t=0$のとき，入力の回転角度は$\omega t=0$ [rad] であるが，出力の回転角度は$\phi(\omega)$ [rad] である．$t=2$の時は，入力の回転角度は2ω [rad] であるが，出力の回転角度は$2\omega+\phi(\omega)$ [rad] である．$y(t)$の位相の項を前に出すと$y(t)=\alpha(\omega)e^{j(\omega t+\phi(\omega))}=\alpha(\omega)e^{j\phi(\omega)}e^{j\omega t}$で，後ろの項は入力$x(t)$そのものである．すなわち，$\alpha(\omega)e^{j\phi(\omega)}$は，入力からどれだけ回転半径が大きくなり，どれだけ回転角度がずれるかを表現していることになる．これを式(1-1)に代入すると，

$$m\alpha(\omega)e^{j\phi(\omega)}(j\omega)^2 e^{j\omega t} = -k\alpha(\omega)e^{j\phi(\omega)}e^{j\omega t} + ke^{j\omega t} - c\alpha(\omega)e^{j\phi(\omega)}j\omega e^{j\omega t}$$

両辺を $e^{j\omega t}$ で割って

$$m\alpha(\omega)e^{j\phi(\omega)}(j\omega)^2 + k\alpha(\omega)e^{j\phi(\omega)} + c\alpha(\omega)e^{j\phi(\omega)}j\omega = k$$

したがって,

$$\alpha(\omega)e^{j\phi(\omega)} = \frac{k}{m(j\omega)^2 + c(j\omega) + k} \tag{1-2}$$

式(1-2)の右辺は,ある角速度 ω [rad/s] の回転運動を入力し続けたとき,どれだけ出力の振幅が変化し,どれだけ出力の位相がずれるのかを表す ω の関数となっている.この式は周波数伝達関数と呼ばれ,$j\omega$ の項を s で置き換えればおなじみの伝達関数

$$G(s) = \frac{k}{ms^2 + cs + k} \tag{1-3}$$

となる.

一般的には,まず s 領域の伝達関数有りきで,そこから様々な特性を考えるという方法が定番なのだが,このように $e^{j\omega t}$ 有りきで考えるのも,なかなかオツな方法ではないだろうか.もちろん,インパルス応答やステップ応答を求めるには,結局ラプラス変換の定義や知識が必要であることは言うまでもない.

さて,簡単のため,$m=1$ [kg], $k=1$ [N/m], $c=0.2$ [N/(m/s)] としたときの式(1-2)の値を複素平面にプロットしてみよう(**図1-11**).例えば $\omega=0.1$

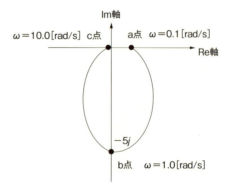

■図 1-11■　モデルのナイキスト線図

[rad/s] を式(1-2)に代入すると，$\alpha(0.1)e^{j\phi(0.1)}=1/(-0.01+j0.02+1)\fallingdotseq 1.01-j0.02\fallingdotseq e^{-j0.02}$ で図の a 点となる（計算方法は3章末のコラム⑤；図⑤-1参照）. すなわち $\alpha(0.1)$ はほぼ 1.0, $\phi(0.1)$ はおおよそ 0 [rad] である．$\omega=1.0$ [rad/s] のときは，$\alpha(1.0)e^{j\phi(1.0)}=1/(-1+j0.2+1)=-5j=5e^{-j\frac{\pi}{2}}$ で図の b 点（$\alpha(1.0)=5$, $\varphi(1.0)=-\pi/2$ [rad]$=-90$ [deg]），さらに $\omega=10.0$ [rad/s] のときは，$\alpha(10.0)e^{j\phi(10.0)}=1/(-100+j2+1)\fallingdotseq -0.01-j0.0002\fallingdotseq 0.01e^{-j\pi}$ で図の c 点となって，$\alpha(10.0)=0.01$, $\phi(10.0)=-\pi$ [rad]$=-180$ [deg] である．これらの点群を細かくつなげたものを**ナイキスト線図**と言う．

この3つの ω における時間応答のグラフを**図 1-12** に示す．a 点はゲインが 1.0, 位相が 0 [deg] であるから，ほぼ入力のサイン波と同じ波形が出力される．b 点はゲインが 5 倍，位相が -90 [deg] であるから，出力波形は入力の 5 倍の振幅を持ち，90 [deg] 遅れたサイン波となる．c 点はゲインが 0.01, 位相が -180 [deg] であるから，出力波形は入力の 0.01 倍となってほとんど観察されず，符

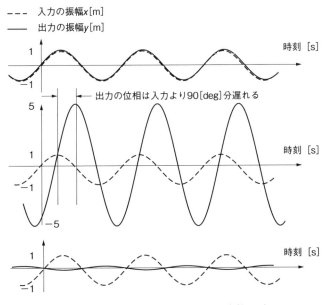

■図 1-12 ■　入力の角周波数による応答の違い

号が反転したサイン波となる．なおωが著しく異なるため，図の時間軸が異なっていることに注意されたい．

式(1-3)は具体的で理解しやすくはあるが，バネ・マス・ダンパ系だけに限定されるパラメータm, c, kを用いているため一般性に欠ける．そこで，式(1-4)のように書かれることが多い．本書でも，必要に応じてこの記法を用いる．

$$G(s) = \frac{\omega_n^2}{s^2 + 2\zeta\omega_n s + \omega_n^2} \tag{1-4}$$

ここで，ω_nは共振角周波数 [rad/s]，ζは減衰係数で，特に残留振動が問題になるのは$\zeta \fallingdotseq 0$の場合である．バネ・マス・ダンパ系との比較で考えると$\omega_n = \sqrt{\dfrac{k}{m}}$, $\zeta = \dfrac{c}{2\sqrt{mk}}$に相当するので，粘性抵抗$c$が0であれば$\zeta=0$となり，$c$が大きくなればなるほど$\zeta$も大きくなる．

1-5 ボード線図と陥りやすい錯覚

前節の $\alpha(\omega)$ や $\phi(\omega)$ [deg] を横軸角周波数 ω [rad/s] で表したものを周波数応答線図と呼び，特にゲインを $20\log\alpha$ の [dB] 単位で表したものをボード線図と呼ぶ．ところがこのボード線図が大いにクセモノである．

図 1-13 の 2 つのグラフをご覧頂きたい．2 つの曲線は角周波数とゲインの関係を表し，両図とも縦軸はゲイン $\alpha(\omega)$，横軸は角周波数 ω [rad/s] を表す．2 つのグラフから次の感想を持つだろう．「左図は低周波領域で大きくゲインが減少しているので，注意しないといけないな．高周波側はゲインが低いままで変化なしか...，右図は低周波領域のゲインは高く一定でほぼ不変だな．一方，高周波側ではゲインが大きく減少しているから要注意だな...　なんだ，左と右では全く正反対の特性だ」．普通の技術者なら，間違いなくそうグラフを読み取るだろう．

全く別の現象を表しているかのような図であるが，驚くことに 2 つは同一のグラフである．決してトリックなどではない．図 1-14 で，そのタネ明かしをしよう．目盛りを打てば分かるように，左はリニア軸，右は対数軸で表現している．その正体は，共に 1 次遅れ系と呼ばれる伝達関数 $1/(1+s)$ のゲインの周波数応答線図で，右側がボード線図と呼ばれるものである．縦軸の範囲は，双方とも 0.01

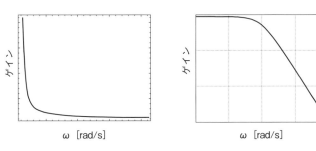

■図 1-13■　傾向の異なる 2 つの周波数応答線図

第1章 振動のメカニズムを知ろう

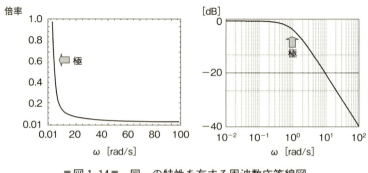

■ 図1-14 ■ 同一の特性を有する周波数応答線図

倍 ＝－40［dB］〜1.0 倍 ＝0［dB］であり，横軸の範囲も共に 0.01［rad/s］から 100［rad/s］である．

　この2つのグラフが同一の現象を表しているとは，にわかに認め難い．この錯覚の原因は明らかだ．「dB」と言う対数表現である．制御の初学者はたいてい，このdBとか言う単位にやられてしまう．真実はこうだ．1次遅れ系のゲインは 0 rad/s から極までの低周波領域で 30％ゲインが低下する．一方，極の10倍の角周波数以上では 15％もゲインは変化しない．ところが，ボード線図を見ると"見た目的に"，極より**低周波領域で「ゲインがほぼ変化せず」，高周波領域は「ゲインが大きく変化する領域」**と錯覚をおこさせてしまう．実際，大学の授業では近似直線と称して，「極までゲインは変化しないと近似してよい」と教えている．ところが実態はさに非ず．

　このことは，実際に様々な角周波数でサインを入力し，入出力関係を計測したことのある技術者なら，低周波領域で出力波形の振幅の大きな変化を感じた実体験をお持ちではないだろうか．実感とボード線図は一致しないことに注意をしなければならない．dB表現は確かに便利な表現である．直列に接続したアンプのゲインを足し算で表現できることは，素晴らしい効用である．ラージスケールの信号の変化をコンパクトに表現できることも素晴らしい．この解説でも随所に用いている．ただ，どうしても**大きな変化を小さく見せ，小さな変化を大きく見せ**て歪めてしまうことは否めない．

1-5 ボード線図と陥りやすい錯覚

さて，これらの注意点を踏まえたうえで，前節のバネ・マス・ダンパ系の周波数応答線図を書いてみよう．式(1-4)の s に $j\omega$ を代入すると（s はもともと周波数伝達関数において $j\omega$ だった），式(1-5)を得る．

$$G(j\omega) = \frac{\omega_n^2}{(j\omega)^2 + 2\zeta\omega_n(j\omega) + \omega_n^2} = \frac{1}{(1-(\omega/\omega_n)^2) + j2\zeta(\omega/\omega_n)} \quad (1\text{-}5)$$

この大きさ，

$$|G(j\omega)| = \frac{1}{\sqrt{\{1-(\omega/\omega_n)^2\}^2 + \{2\zeta(\omega/\omega_n)\}^2}} \quad (1\text{-}6)$$

が $\alpha(\omega)$ の値となる．この $\alpha(\omega)$ を縦軸に，ω を横軸としてリニアに描いたのが**図1-15**の左図，$20\log\alpha(\omega)$ の値を縦軸に，ω を横軸として対数で描いたのが図1-15の右図である．さらに ζ によってピークがどのように変化するかのボード

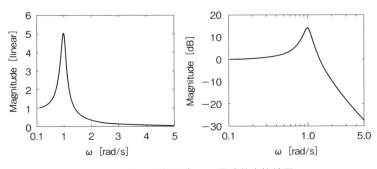

■図1-15■　共振を有する周波数応答線図

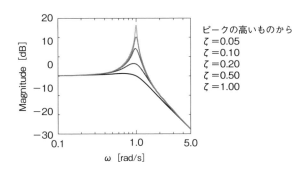

ピークの高いものから
$\zeta = 0.05$
$\zeta = 0.10$
$\zeta = 0.20$
$\zeta = 0.50$
$\zeta = 1.00$

■図1-16■　ζ の違いによるピークゲインの変化

線図を**図1-16**に示す．ζが0に近づけば近づくほどピークが高くなり，$\zeta=0$では無限大の値をとる．

どうやら，図1-15の左の記法は振動工学を主分野としている人たちに愛用され，右の記法は制御工学を主分野としている人たちに愛用されているようであるが，その理由についての筆者の推察はColumn③にて．

Column ②

虚数 i は実在するか（2）

（コラム①から続く）

では，虚数同士のかけ算とはなんだろうか？ 例として$(2+i)\times(3+2i)$を考える．前の括弧内を展開すると$2\times(3+2i)+i(3+2i)$．第1項は$3+2i$を2倍するものだから**図②-1**のaベクトル．第2項は$3+2i$を90°回転させることを意味するから，図②-2のbベクトルである．これらを合成した図②-1のcベクトルが答えとなる．図的にはこうなるが，そのまま数字として計算して$6+4i+3i-2=4+7i$としても，もちろん良い．何度も繰り返すが，**iとは図に表現できる実体のある存在だ．**

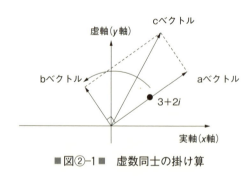

■**図②-1**■ 虚数同士の掛け算

1-6　フーリエ変換の意味

　振動現象を含めた周波数特性を考える上で最も重要な概念がフーリエ変換である．フーリエ変換の定義や特徴をものの本で調べてみると[6]．．．（1）フーリエ変換とは(1-7)式で表される．これは$f(t)$の$e^{-j\omega t}$に対する写像である．（2）フーリエ変換(1-7)式とは$f(t)$と$e^{-j\omega t}$の相関をとったものである．相関とは2つの関数の類似度である．（3）「フーリエ変換(1-7)式によって信号$f(t)$にω [rad/s] の角周波数成分がどれくらい含まれているかがわかる，と書かれてある．

$$F(\omega) = \int_{-\infty}^{\infty} f(t) e^{-j\omega t} dt \tag{1-7}$$

　（3）の性質は皆さんご存知の通り．（1）は教科書等で良く見られるフーリエ変換の定義だが，これでは言っている意味が我々技術者には良くわからない．（2）もピンと来ない．(1-7)式の計算結果には虚数も現れるが，虚数の類似度って何だ？．．．フーリエ変換の式が「何をやっているのか」をわかりやすく説明した資料になかなかお目にかかれないので，ここでフーリエ変換がなぜ(1-7)式の形なのかを説明しよう．

　求めたいものは，ある信号$f(t)$があって，その中にω [rad/s] の角周波数成分がどのくらい含まれているかである．$f(t)$はあらゆる時間に広がって存在する信号なので，**その刻一刻の瞬間の信号が持つω [rad/s] の信号成分を，どこか一箇所に集めて，それらを全て足し合わせれば**，所定の目的が達成できるだろう．

　ではフーリエ変換の説明の前に，3章末のColumn⑤で述べる「全ての信号はグルグル回る$e^{j\omega t}$の組み合わせで表現できる」ことを前提にして話を進めよう（先にColumn③を読んだほうが良いかも知れない）．時刻$t=0$にある大きさの信号$f(0)$があったとする．この信号が角周波数ω [rad/s] でグルグル回転したとして，時刻t_0 [s] にはどんな状態になるだろう．半径$f(0)$を持つ回転信号がt_0秒間グルグル回るのだから，$f(0)e^{j\omega t_0}$に違いない．具体的な例として，$t=0$の

第1章 振動のメカニズムを知ろう

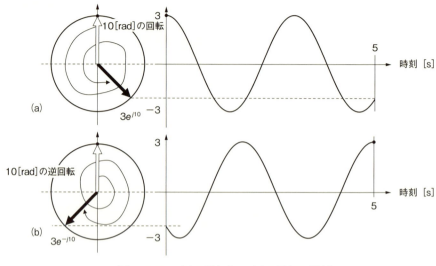

■図1-17■　$e^{j\omega t}$の回転と$e^{-j\omega t}$の回転の関係

時に大きさ3の信号が$\omega=2$ [rad/s] の角周波数を持っていたならば，5 [s] 後には$3e^{j2\times 5}=3e^{j10}$になるはずだ．これは大きさ3で，10 [rad] の角度＝位相を持った状態になっていることを意味する（**図1-17**(a)）．ここで白矢印が回転のスタートで，黒矢印が回転の終点である．

では逆に，ある時刻t_0に角周波数ω [rad/s] の信号が大きさ$f(t_0)$として観測されていたとすると，時刻0ではどんな状態だったのだろうか．これは表社会で見える$f(t_0)$の信号を裏社会的な状況を考えて時間を遡って推測する作業になるので，グルグル回る時間方向を逆に，すなわち負方向に時間を回して答えは$f(t_0)e^{-j\omega t_0}$ということになる．具体的な例として，$t=5$の時に角周波数2 [rad/s] を持つ大きさ3の信号が観測されたとすると，この信号は時刻0では$3e^{-j10}$，すなわち-10 [rad] の位相を持っていたんだということになる（図1-17(b)）．もし，同じ信号$f(5)=3$でも$\omega=7$ [rad/s] の角周波数だったなら$3e^{j7\times 5}=3e^{-j15}$となる．

つまり，フーリエ変換の$f(t)e^{-j\omega t}$とは，**ある時刻tにおける信号$f(t)$が，もしω [rad/s] の周期信号**だったとして，それが時刻0ではどんな状態だったかを，

1-6 フーリエ変換の意味

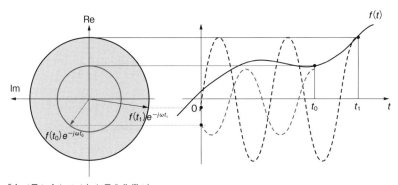

「全て足し合わせる」と言う作業が
$f(0)e^{-j\omega 0}+...+f(t_0)e^{-j\omega t_0}+...+f(t_1)e^{-j\omega t_1}+...+f(\infty)e^{-j\omega \infty}$
$=\int_{-\infty}^{\infty}f(t)e^{-j\omega t}dt$

■図1-18■ フーリエ変換の物理的意味

位相（裏社会）の情報を含めて複素平面上で示す関数である．冒頭で書いた「どこか一箇所」とは，実は時刻0の地点のことを意味する．あとはこの時間逆転の作業を $-\infty$ の時間から ∞ の時間まで施して，各々の時刻の信号が時刻0ではどうだったかを足し合わせる，すなわち積分することによって，$f(t)$ 全体に ω [rad/s] の成分がどれだけ含まれているかを抽出することが可能である（**図1-18**）．

フーリエ変換の結果，得られる値が虚数を含むのは，時刻0での位相情報までも提供するためである．また，周波数成分の大きさを抜き出すときにフーリエ変換の値 $F(\omega)$ の絶対値 $\sqrt{\text{Re}[F(\omega)]^2+\text{Im}[F(\omega)]^2}$ を取るのは，合成されたベクトルの回転半径を求めている作業である．フーリエ変換のポイントは，位相も含めた複素ベクトルの足し算になることで，もし大きさが同じで逆位相の信号が集まれば，その合成ベクトル，すなわち角周波数成分は0となる．

1−7　振動抑制の原理

　さて，振動はエネルギーの変換だと説明したが，これが目立って起こり易いのが周波数応答線図のゲインの高い部分である．ゲインが高い＝エネルギーが大きいので，振動の絶対量も大きくなる．したがって周波数特性のゲインのピークを抑えることが，どの振動制御にも共通する基本的なスタンスである．**図 1-19** に概念図を示す．システム全体の周波数特性は，指令値，制御系，機械系の3つの要素の周波数特性の積（ボード線図においてはゲイン［dB］の和）で記述される．

　図の一番上が振動制御を使用する前の周波数特性図とする．機械系に共振周波数 $\frac{1}{2\pi}\sqrt{\frac{k}{m}}$ ［Hz］の共振があるが，指令値も制御系も周波数特性がその周波数までフラットに伸びているため，システム全体に機械系のピークが現れ，機械先端で振動が発生する．

　2段目の図は制御系の周波数特性を低い周波数で落とした場合である．確かに共振周波数におけるゲインが落ちるため振動は弱まるが，その分応答が悪くなり位置決め時間がかかってしまうので，あまり賢い方法とは言えない．

　3段目が本書で解説する方法である．指令値で機械系の共振に対する反共振，すなわち $\frac{1}{2\pi}\sqrt{\frac{k}{m}}$ ［Hz］に周波数特性の落ち込む部分を作り出しているため，キャンセルされてシステム全体の周波数特性ではピークが生じず，振動の発生を抑制することが可能である．しかも周波数帯域は比較的広く確保できるため，応答を犠牲にしないで済む賢い方法である．これは指令値から振動エネルギーを除去する，すなわち図 1-3 における**防振**の方法である．

　最下段の図は制御系で反共振を生成する方法である．この方法でも周波数特性のピークを消し振動を抑制できるが，制御器にノッチフィルタの機能が必要であ

1-7 振動抑制の原理

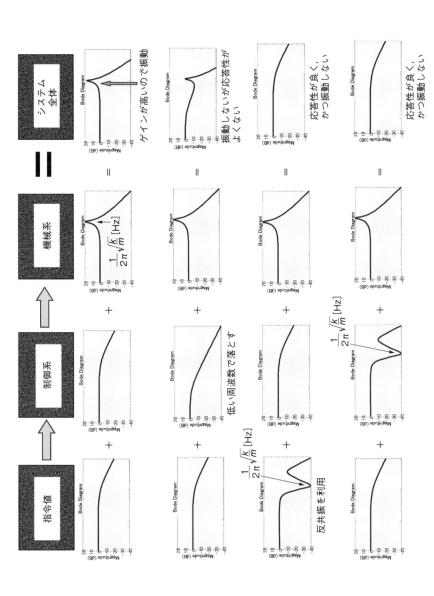

■ 図1-19 ■ 振動抑制の原理図

第1章 振動のメカニズムを知ろう

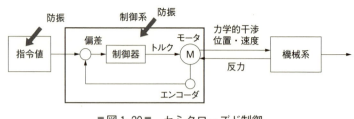

■図1-20■　セミクローズド制御

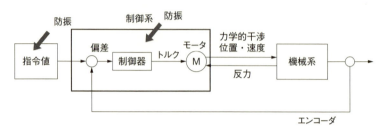

■図1-21■　フルクローズド制御

るため後述のクローズドループ制御を使用しなければならない．すなわち，ステッピングモータでは困難な方法である．

　ここでサーボ制御の構造に触れながら，第1節で述べた防振や制振の違いとノッチフィルタの機能について解説を加えておこう．サーボシステムはセンサの場所によりセミクローズドループ制御（**図1-20**）と，フルクローズドループ制御（**図1-21**），の2つに分類される．後者は，機械先端の位置や加速度をセンサで検知して制御器にフィードバックする制御法を言う．先端の位置や振動の加速度など，制御したいものが直接計測できるため，制御性能は極めて高い．ただし，セミクローズドループ制御よりコストがかかるのが難点である．今はリニアエンコーダが普及したので随分と使いやすくはなったが，以前は高嶺の花ならぬ高値の花であった．そもそも，可動部である機械先端と制御基板が設置されている本体間との信号のやりとりは，配線の取り回しやノイズなどの問題があって実装しにくい．対して前者のセミクローズドループ制御は，一般にはモータに取り付けられたエンコーダを用いて角度や角速度を計測する制御法である．機械先端の情

1-7 振動抑制の原理

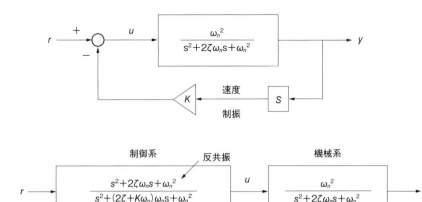

■図1-22■ フルクローズド制御による制振の等価変換

報を直接知ることができないために制御性能はフルクローズドループ制御にかなわないが，市販のサーボドライバとサーボモータをそのまま使用でき，コストを抑えられるためよく用いられる．

　セミクローズドループ制御とフルクローズドループ制御との双方を総称してクローズドループ制御と呼ばれるが，この制御系において振動抑制を実現させる方法には，1. 防振を導入して振動を抑制する方法と，2. 能動制御を導入して制振させる方法の2つがある．図1-20，1-21 において，指令値の生成箇所，および制御器の箇所にノッチフィルタを挿入して，それ以降に振動のエネルギーを伝えない方法が前者の防振の方法である．この実現にはフィードバック情報は必要ない．

　もうひとつの方法は，フィードバック情報を積極的に用いる制振である．コンセプトを**図1-22**上図に示す．1自由度の振動系である伝達関数 $\dfrac{\omega_n^2}{s^2+2\zeta\omega_n s+\omega_n^2}$ を制振させるために，その出力から Ks（sは微分項，Kはフィードバックゲイン）というフィードバックを用いると，指令値 r から出力 y への閉ループの伝達関数

は $\dfrac{\omega_n^2}{s^2+2\left(\zeta+\dfrac{1}{2}K\omega_n\right)\omega_n s+\omega_n^2}$ に変化する．このとき，$s+\dfrac{1}{2}K\omega_n>1$ となる K を用いることで，系全体として振動を除去することができる．これを制御系と機械系のブロックに分けて記述すると，図1-22下図の様に共振と反共振の組み合わせとしてシステムを書くことができる．すなわち，制御系の周波数特性は典型的なノッチフィルタ＝反共振を持つものとして図1-19最下段の状態と等価であると解釈できなくもない．しかし，制御器単独でノッチフィルタを構成しているわけではなく，あくまでフィードバックとの組み合わせで実現している．このように，フィードバック情報を必要としない防振とフィードバック情報を有効利用する制振は，同じ振動制御であるものの別の種類のものであると認識しておきたい．

なお，セミクローズド制御の場合は制振が実現できない場合があるので注意されたい．例えば，図1-20においてモータは機構から振動による反力などの力学的干渉を受ける．これによってモータが振り回されてその角度変化をエンコーダが検知することができれば，その情報を振動体のエネルギー吸収に利用できるので制振制御が可能である．一方，ギア比が大きい，モータのイナーシャが大きいなど，モータ側で機構の振動が検知しづらい場合は制振が機能せず，防振による振動制御を行うしかない．

機械系に関する振動の本や制御系の制振設計に関する本はゴマンと売られている．機械系の振動については「振動工学」という立派な学問領域が確立されているし，制御系の振動制御においても「制御工学」という学問体系が存在する．ところが3段目の反共振特性を有する指令値の生成法をまとめて網羅した本にはなかなかお目にかかれない．文献［6］ぐらいだろうか．**表1-1**にこれまで個別に提案されている各種の方法の一部を簡単に取りまとめた．本書ではそのうち3つ，プリシェイピング法，時間多項式法，2次計画法を主として解説する．他の方法については文献［9］，［10］などを参考にすることができるが，まずは本書を理解して基礎を抑えてから目を通すのが良いだろう．本書が**フィードフォワード制御工学**という新たな領域分野の先鞭を切ることができれば，と願う．

■ 表1-1 ■

章	手法	特徴	メリット	デメリット
3章	Preshaping法	本文参照. 半周期遅らせた指令値を合成.	簡便. 理解し易い.	元の指令値をどう与えると適切かが不明. 加減速が混在した指令が不可能. 半周期より短い加減速が不可能.
3章	ノッチフィルタ	本文参照. ノッチフィルタを通した信号を指令値とする.	簡便. 理解し易い.	指令値が歪む. 高周波振動を励起の可能性.
4章	時間多項式法	本文参照. 多項式で指令値を表現.	解析解が与えられるので応用し易い.	ハードウェアの制約を考慮できない.
4章	2次計画法	本文参照. 線形の振動系に適用可能な手法.	制約も取り扱え, 自由度が高い.	—
4章	非線形最適制御	あらゆる対象に適用可能な最適化の汎用的手法.	汎用的. 対象を選ばない.	難解. 取り扱いが難しい.
4章	周波数整形制御	LMIを使用. 線形計画法のより高度な方法	様々な周波数特性も指定でき, 汎用的.	難解. 取り扱いが難しい.
4章	逆動力学計算法	所望の出力軌道から指令値を逆演算	簡便. 理解し易い.	ハードウェアの制約を考慮できない.

Column ③

テスターの電気屋, ノギスの機械屋

1-5節「ボード線図と陥りやすい錯覚」で指摘したが, なぜ振動工学を生業としている人たちはリニア軸でグラフを書き, 制御工学を生業としている人たちは対数軸を愛用するのだろう.

筆者の独断と偏見であるが, そのバックグラウンドは測定レンジに端を発しているような気がする. 電気屋が専ら用いる測定器はテスターであるが, その測定レンジは広く, 数万円の物1台でmVからkVオーダーまで計測することができる. 実に10^6オーダーの幅である. 一方, 機械屋の七つ道具の一つはノギスであるが, 1mを正確に測ろうとして数万円の巨大ノギスを入手したところで1 umの精度で計測することはできない. せいぜい100 um程度の精度になってしまうということは, 10^4オーダーの幅というわけである.

第1章 振動のメカニズムを知ろう

■図③-1■　ボード線図の特性を生かした誤差評価

そもそも，100 um のものを計測するのに 1 m のノギスを持ってくる者はいない．

結局，電気屋と機械屋では一つの計測器で扱うレンジが大きく異なるのである．もともと制御工学は電気屋のテリトリーであるアナログ回路の NFB を元祖に発展してきたものなので，幅広いレンジ表現に長けている dB 表記が便利に使われたのだろう．しかし加工機やロボットなどの産業用機器の制御の世界の対象は機械であり，狭いレンジの中でいかに精度よく制御できるかが雌雄を決する．そのような世界で果たして dB 表現を用いる意味はあるのだろうか．

例えば，1 m 移動した中で 1 um の誤差を問題にするような位置決めを考えよう．**図③-1** のブロック図において，指令値 r から出力 y までのボード線図によって，1 um レベルの評価を行うことは困難だ．なぜなら，1 m の移動指示の中で 0 dB＝1.000000 m 進んでいるか，それとも 0.999999 m＝－8.7×10^{-6} dB 進んでいるか，が問題だからである．このわずか －8.7×10^{-6} dB の差をボード線図から読み取ることは不可能だ．

では，ボード線図は全否定の対象か？　そんなことはない．使い方さえ誤らなければ強力な味方となる．指令値 r から誤差 e までのボード線図を書けばよい．1 um の誤差を 0.000001 m＝－120 dB として，大きくしっかり見せてくれる．小さな変化を大きく見せてしまう「ひずみ」特性が，そこでは逆に役に立つ．

文献一覧

[1] 小型モータ世界市場に関する調査結果 2014, 矢野経済研究所, 2014
[2] 振動工学ハンドブック, 振動工学ハンドブック編集委員会編, 養賢堂, 1976
[3] 制振工学ハンドブック, 制振工学ハンドブック編集委員会編, コロナ社, 2008
[4] 制御工学 −技術者のための, 理論・設計から実装まで（専門基礎ライブラリー), 豊橋技術科学大学高等専門学校制御工学教育連携プロジェクト, 実教出版, 2012
[5] 微分方程式とフーリエ解析, 山本 稔, 学術図書出版社, 1985
[6] Optimal Reference Shaping for Dynamical Systems: Theory and Applications, Tarunraj Singh, CRC press, 2009
[7] 寺嶋, 多賀, 三好：制振高速起動制御のためのフィードフォワード正弦波多項式制御入力の導出とクレーンシステムへの応用, 機械学会論文集 (C), (2003)
[8] 情報機器のダイナミックスと制御, (社)日本機械学会編, 養賢社, 1996
[9] 川上祥雄, 三好孝典, 寺嶋一彦, 天井クレーンの障害物回避を考慮した搬送物軌道計画計測自動制御学会システムインテグレーション部門講演会, 2H4-1, 2003
[10] 石原義之, 高倉晋司, 多目的フィードフォワード制御によるハードディスクのショートシーク制御, 電気学会論文誌, vol.130, No.2, pp.150–pp.157, 2010

第2章

振動制御の
常識・非常識

2-1 S字カーブは本当に振動を抑制するか?

　著者がまだ技術者に成りたてのころ，かれこれ25年ぐらい前であろうか，社内の開発会議での一コマである．ベテラン電気技師と部長が激しく議論を戦わせていた．今はもう絶滅してしまった「サーマルプロッタ」の紙送り機構でのトラブルであった．いまどき「サーマルプロッタ」と言っても誰もわからないので「サーマルプリンタ」と言い換えようか．え，それも見たことがない？　要は，インクジェットプリンタと同じで，数行づつの印字ごとに加減速しながら紙を送り出すのだが，印字が高速化すると紙送りの加減速が連続して続くことになる．

　技師「どうしても機械振動が出て，スムーズな紙送りが実現できません」

　部長「それは君のやり方がまずいからだ．どんな駆動法を用いているのか？」

　技師「速度プロファイルは三角波を用いています．台形にしたいのですが，一回当たりの紙送りの距離が短く等速区間が取れません」

　部長「なに！？　なぜS字カーブを使わないんだ．三角波では振動が出て当たり前だ！」

　技師「S字カーブは既に試しました．ただ，そうするとかえって振動が激しくなるのです」

　部長「何をバカなことを言ってるんだ！　S字カーブのほうが振動しないのは当たり前だろ！　そんなトロくさいことをやっているから，君は○×△#￥&＊#！！！」

とまあ，頭ごなしというのはこういうことか，というのを見せつけられた．「パワハラ」などと言う言葉も無いころの話である．

　さて，ベテラン技師は実績もあり，皆に信頼されていた．その彼が「S字カーブで振動が激しくなる．」というのだから，それはそれで本当なんだろう．しかし，速度の三角波駆動（加速度としてはステップ状）の方が振動が収まるというのも全くおかしな話である．とんでもなく不思議な話なので強く印象に残り，懲りも

2-1 S字カーブは本当に振動を抑制するか？

せず探求を続けて二十有余年，ようやく本質が見えてきたのでこの本を書いた，という顛末である．

本当に技師の言う通りなのか，図1-8のモデル図のシミュレーションを用いて加速波形の違いによる残留振動の違いを比較してみよう．ここではシンプルな3種類の加速波形として**図2-1**の①，②，③を用い，その残留振動の結果を**表2-1**に示す．振動の対象は(1-4)式において共振周波数 $\omega_n = 100$ [rad/s]，減衰係数 $\zeta = 0.05$ の，緩やかな減衰を持つ2次遅れ系とした．

如何だろうか．ベテラン技師の主張を裏付ける結果が確認できる．

A. **①と③を比べるとステップ加速よりサイン加速（S字カーブ）の方が振動が大きい！**

どちらも最大加速度は16 [m/s²] であり，到達速度（加速波形の面積）はむしろ③の方が小さい．つまり③は加速のエネルギーが小さいにも関わらず，残留振動が圧倒的に大きいことになる．

B. **①と②を比べると加速度が小さい（加速時間が長い）方が振動が大きい！**

①と②は加速時間は異なるが到達速度（加速波形の面積）は同一に設定してある．ゆっくりと丁寧に加速すれば残留振動が小さくなりそうだが，現

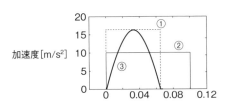

■ 図2-1 ■ 比較対象の加速波形

■ 表2-1 ■ ステップ加速・サイン加速での残留振動の比較表

加速時間	0.0628 [s]	0.1 [s]
ステップ加速	① 0.8 [mm] Max 16 [m/s²]	② 2.8 mm Max 10 [m/s²]
サイン加速	③ 3.6 [mm] Max 16 [m/s²]	

第2章 振動制御の常識・非常識

実はそうではない！

以上の決定的証拠により，ベテラン技師への責めは全くの冤罪であったことが判明した．これらの結果を誰が予測しただろうか．**振動にまつわる都市伝説は多い．**

S字カーブは振動を抑える優れた加速波形である
ゆっくり丁寧に加速すれば振動は抑えられる
というのは，その際たるものである．

では，なぜこのような現象が起こるのだろうか？ B.のアンチテーゼとして，加速時間の長さが残留振動の大小に関係することが考えられる．これを考察するために，**図2-2**を思考実験し，残留振動と加速時間との関係を明らかにしていこう．図2-2では第1章の図1-8と同様，質点とモータがバネで接続されており（ただし，粘性抵抗は存在しないものとする），そのモータ位置をステップ状に動かす状況を考える．時刻0_-でバネの伸縮は0だったとし，その一瞬後にステップ状にxを1の位置に変化させたとする．$x(0_+)=1$であるが，まさにその瞬間にyは変動せず（$y(0_+)=0$），バネが1だけ縮んだ状態になる．その後は$x(t)=1$のままであるので，$x=y=1$をつり合いの中心として，yは$+/-1$の振動を続けることになる．この振動を共振角周波数ω_nを用いて数式で表すと，

$$y(t)=1-\cos(\omega_n t) \tag{2-1}$$

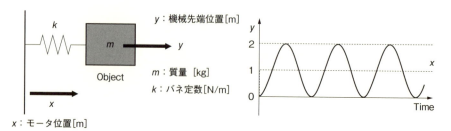

■図2-2■ 思考実験のモデル図とステップ入力に対する応答

2-1 S字カーブは本当に振動を抑制するか？

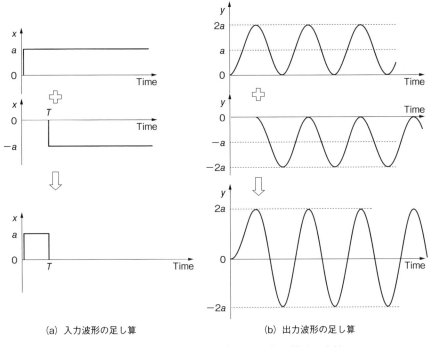

(a) 入力波形の足し算 　　　(b) 出力波形の足し算

■図2-3■　ある時間区間を有する入力に対する応答

と表現できる．

　上記は，ステップ入力が永続的に続く場合であるが，ある時間区間だけ $x(t)=a$ として，その後 $x(t)=0$ に戻すようなモータ位置の運動を考えると**図2-3**のように考えられる．図2-3(a)において，ある時間区間の入力は，連続的な正の入力である上段と，ある時間 T [s] 後に負の入力となる中段を足し合わせた下段のものになると考える．この時の応答 $y(t)$ は，(a)上段の入力に対する応答である(b)の上段と，(a)中段の負の入力に対する応答である(b)の中段（$-a$ の入力に対する応答であるので $-a$ を中心に $0 \sim -2a$ の範囲となる）とを足し合わせたものとなり，例えば(b)の下段のように，つり合いの位置 0 を中心に $+2a \sim -2a$ の振幅を持つ振動となる．数式で記述すると，この振幅は区間 T [s] に依存する関数で，

$$y(t) = a\{1 - \cos(\omega_n t)\} + a\{(-1) + \cos(\omega_n t - \theta(T))\}$$
$$= -a \cos(\{\omega_n t - \theta(T)/2\} + \theta(T)/2) + a \cos(\{\omega_n t - \theta(T)/2\} - \theta(T)/2)$$
$$= 2a \sin(\omega_n t - \theta(T)/2) \sin(\theta(T)/2) \qquad (2\text{-}2)$$

となる．ここで1行目の最初の{ }は(b)上段の出力関数を表し，次の{ }は(b)中段の出力関数を表す．また，また，2行目から3行目の式変形は，三角関数の和積の公式 $2\sin\alpha \cdot \sin\beta = -\cos(\alpha+\beta) + \cos(\alpha-\beta)$ において $\alpha = \omega_n t - \theta(T)/2$，$\beta = \theta(T)/2$ と置いている．

さて，$\theta(T)$ は，時間 T [s] が振動という回転運動に対してどのくらいの位相遅れに相当するかを表す関数で，残留振動の共振角周波数を ω_n [rad/s] としているから，

$$\theta(T) \text{ [rad]} = \omega_n T \qquad (2\text{-}3)$$

で表すことができる．すなわち $\theta(T)$ は T に比例し，例えば，$T=0$ なら位相遅れは当然 0 [rad] = 0 [deg] で，$T = 2\pi/\omega_n$ であれば位相遅れ $\theta(T) = 2\pi$ [rad] = 180 [deg] である．

(2-2)の3行目の第1項は時間と共に $+/-a$ の範囲で変化する三角関数であるが，第2項目は(2-3)式で決定される定数項であり，この項が(2-2)式の $y(t)$ の振幅の大きさを決定する．すなわち，

$$|y(t)| = 2a|\sin(\omega_n T)| \qquad (2\text{-}4)$$

結局，残留振動の大きさはステップ入力の時間 T によって周期的に変化し，かつ，T が決まれば入力の大きさ a に比例する．そのグラフは**図2-4**のようになる．残留振動を抑えるベストなタイミングは(2-4)式のsinの中が0，π，2π ....となる $T=0$，π/ω_n，$2\pi/\omega_n$ ... で，振動を最も励起する最悪なタイミングは $T = \pi/(2\omega_n)$，$3\pi/(2\omega_n)$ ... である．実は図2-3は，最も振動が大きくなるステップ時間における出力波形を図示したものである．

結局，共振周期の1周期分，2周期分，..., n 周期分の波形は残留振動を抑える効果がある．さらにタネ明かしをすると，表2-1の①の加速波形において残留振動が小さかったのは，上記の条件が成立していたためである．共振角周波数100 [rad/s] の一周期はちょうど0.0628 [s] すなわち一周期分のステップ加速を加

2-1 S字カーブは本当に振動を抑制するか？

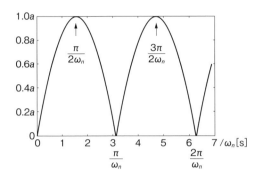

■図 2-4■ ステップ時間と残留振動の関係

えていたために振動がほとんどゼロになったのである．

さて，加速時間を 0.1 s に伸ばして，代わりに加速度を小さくした場合はどうなのか？ 0.0628 s の加速時間で振動が止まるのだから，残り 0.372 s は余分である．この余分な加速エネルギーは，全て振動を励起するエネルギーとなる．結局，加速度を小さくしても②のように残留振動は残ってしまう．

さて，本節のタイトルでもあるが，なぜ S 字カーブは予想に反して振動を励起するのであろうか．実は **S 字カーブのような凸波形が防振効果を持つのは，共振周期の 1.5 倍以上の加速時間が確保される場合である**．しかし表 2-1 の③は共振周期の一周期分の加速時間であるので，防振効果は全く期待できない．このことを加速波形の持つ周波数特性から説明しよう．

速度が S 字カーブとなる加速波形は，**図 2-5** のようにある加速時間 T_a [s] において半周期となるようなサイン波である．このサイン波の角速度 ω_a [rad/s] と加速時間の関係は $\omega_a T_a = \pi$ [rad] が成立するから，$\omega_a = \pi/T_a$ であり，サイン波の式は $x(t) = a \sin(\pi/T_a t)$ $(0 \leq t \leq T_a)$ で表される．さらに，図 2-5 に示すように加速時間が変化してもその積分，すなわち到達速度が変化しないような振幅の条件は，$\int_0^{T_a} a \sin\frac{\pi}{T_a} t \, dt = a\left[-\frac{T_a}{\pi}\cos\frac{\pi}{T_a}t\right]_0^{T_a} = 2\frac{T_a}{\pi}a = $ 定数であるから $a = \pi/$

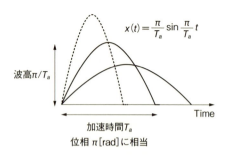

■ 図 2-5 ■　S字カーブを構成する加速度波形

T_a が採用され，加速波形の関数として

$$x(t) = \frac{\pi}{T_a} \sin \frac{\pi}{T_a} t \tag{2-5}$$

を得る．

　この $x(t)$ が持つ，機構の共振角周波数 ω_n [rad/s] の周波数成分が大きければ大きいほど $x(t)$ は残留振動を励起し，もし ω_n [rad/s] の周波数成分が 0 であれば，機械共振と打ち消し合って残留振動は生じないことになる．ある特定の周波数成分を求めるフーリエ変換の原理は既に第1章で述べた通りで，

$$\begin{aligned}
|F(\omega_n)| &= \left| \int_0^{T_a} \frac{\pi}{T_a} \sin \frac{\pi}{T_a} t \, e^{-j\omega_n t} dt \right| \\
&= \left| \int_0^{T_a} \frac{\pi}{T_a} \sin \frac{\pi}{T_a} t \{\cos(-\omega_n t) + i \sin(-\omega_n t)\} dt \right| \\
&= \pi^2 \sqrt{\frac{2(1+\cos \omega_n T_a)}{(\pi - \omega_n T_a)^2 (\pi + \omega_n T_a)^2}}
\end{aligned} \tag{2-6}$$

を得る．(2-6)式のグラフを**図 2-6** に示す．$|F(\omega_n)|$ を縦軸に，グラフの横軸としては，$\omega_n T_a$ の値と，T_a が共振周期 $2\pi/\omega_n$ [s] の何倍に相当するかを同時に表現した．図において横軸 $\omega_n T_a = 3\pi$ [rad] の時に倍率が 1.5 と表記されているが，これは加速時間 T_a が共振周期の 1.5 倍，すなわち $1.5 \times 2\pi/\omega_n$ [s] のときに，$\omega_n T_a = 3\pi$ [rad] になることを表している．なお，加速時間 T_a が半周期 $0.5 \times 2\pi/\omega_n$ [s] のときに $\omega_n T_a = \pi$ [rad] となって，(2-6)式の根号内の分母子とも 0 に

2-1 S字カーブは本当に振動を抑制するか？

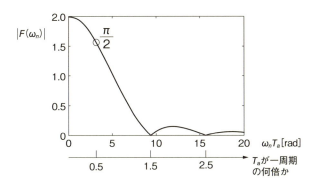

■図2-6■ サイン波加速の加速時間によるω_n周波数成分の変化

なってしまう極値問題が生じるが，この時は$\cos \omega_n T_a$を$\omega_n T_a = \pi$近辺でテイラー展開することにより$\cos \omega_n T_a \cong -1 + \frac{1}{2}(\pi - \omega_n T_a)^2$を得，根号内の分母子をキャンセルすることで$|F(\omega_n)| = \frac{\pi}{2}$を得る．

さて，図2-6を見ると，S字カーブではなぜ共振周期の1.5倍以上の加速時間が必要か理解頂けるであろう．加速時間が1.5倍よりも短い領域ではω_nの周波数成分を多く持ち，これが機械振動を大きく励起させる要因となる．一方，1.5倍よりも長い領域ではω_nの周波数成分が少ないため，振動を引き起こしにくい．この急激な現象の違いは，(2-6)式の分母で$\omega_n T_a$が2乗のオーダー（4乗のルート）で効いてくることに由来する．

さて，全てが定量的に明らかになったところで，結論に向かおう．**加速波形には，適切な加速時間と言うものがある．加速時間が振動同期の一周期程度なら，ステップ状の加速，加速時間が振動周期の1.5倍程度以上あるなら，サイン波状でもかまわない．**高速化が望まれ加速時間がどんどん短縮される中，「S字カーブで振動制御」という考え方は，パンドラの箱に閉じ込めるべきだろう．では，加速時間が一周期より短いならばどうだろう？　その答えは3章で．

第2章 振動制御の常識・非常識

2-2 バネは本当に振動を励起するか？

　開口一番，愚問で失礼．振動現象を再認識して頂くために，最もシンプルな題材を取り上げる．図2-7(a)を見て頂こう．バネの先にオモリがついており，ダンパなど振動を吸収するものは何もない．バネはオモリに対して十分軽く無視できるものとする．さて，左からバネに力を加えたとき，オモリは振動するだろうか？

　答えは，「振動しない」．どんな衝撃力を加えてもオモリは振動しない．繰り返し力を加えても振動しない．

　「なにをばかなことを．それは振動の具合が足りないからだ．共振角周波数は $\sqrt{\dfrac{k}{m}}$［rad/s］だから，$2\pi\sqrt{\dfrac{m}{k}}$［s］たる周期で f を加え続ければ必ずオモリは激しく振動するはずだ！」．

　いえいえ，それでも本当に振動しないんです…ここで言う振動とは，ごく普通に皆さんの考える「行きつ戻りつする運動」であって，詭弁を弄するつもりは決してない．

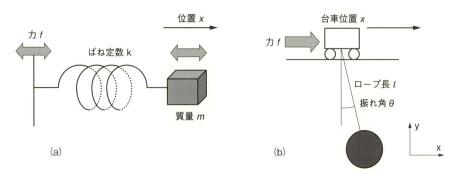

■図2-7■　バネ・マス系と振り子系

2-2 バネは本当に振動を励起するか？

なぜ，そのようなことになるのか，まずは結論から．この系に対する運動方程式を(2-7)式に示す．m はオモリの質量 [kg]，f は加える力 [N]，x はオモリの進む距離 [m] である．すると，本当に簡単な次の式を得る．

$$m\ddot{x}(t) = f(t) \tag{2-7}$$

この運動方程式の中にどこにもバネ定数 k [N/m] は登場しない．登場しないから振動のしようがない．

オモリは加速度 $\dfrac{1}{m}f$ の運動をするだけである．

どうしてこのようなことになるのか，理論的に解き明かしていこう．力の関係を**図 2-8** に示す．力 f をバネに与えるとき，力の発生源は作用反作用の法則によりバネから $f_a = f$ の力を受け取ることになる．一方，同時にバネは力 $f_b = f$ をオモリから受け取っていることになる．なぜならば，もし $f_b \neq f$ ならば左右から受ける力のバランスが崩れ，バネは宇宙の彼方に飛び去ってしまうことになる．これはバネの質量は 0 と仮定しているため，ほんのわずかの力のバランスのズレが ∞ の加速度を生み出してしまうことに由来する．さて，このときやはり作用反作用の法則から，バネはオモリに力 $f_c = f$ を加えているはずである．すなわち，バネに与えた力は，あたかもバネを素通りし，同じ力を直接オモリに伝えたかのような振る舞いを起こす．これが運動方程式にバネ定数が現れないカラクリである．

別の見方をすれば，この時バネは $\dfrac{f}{k}$ [m] 縮んでいるのだが，$f = f_a = f_c$ の力をオモリと力の発生源の両方に対して与えていることになる．

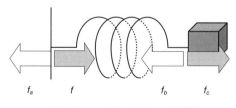

■図 2-8 ■ 力のつりあいの関係

この現象は振り子を移動させるときも同様に表れる．図2-7(b)のように台車からロープでオモリが吊るされている状況を考える．台車とロープの重さはオモリに比べて十分に無視できるものとし，オモリは質点とする．また台車は滑らかに滑るものとする．台車に力 f を加えて移動させるとき，振り子はブラブラと振動するだろうか？

答えはやはり「振動しない」である．このことは先に示した力の釣り合いによっても証明できるのだが，ここではラグランジュの運動方程式[1,2]を用いて説明しよう．

ラグランジュの運動方程式とは，エネルギーと運動の関係に基づいた運動方程式の導出方法である．力の釣り合いを用いる方法より，座標系が入り組んだ複雑な構造を持つ機構に対して，わかりやすい導出方法である．この例の場合，台車の直線座標系と振り子の回転座標系が混在しているため，この方法は強力な助っ人となる．

ラグランジュの運動方程式の基礎式は(2-8)式で与えられる．ここで，T は運動エネルギー，U はポテンシャルエネルギー，D は損失エネルギーである．なぜこのような式になるかの概略は 2-3 節で確認頂くとして，今回の例では摩擦などエネルギーを失わせるものは無いので $D=0$ である．また，q_i は一般化座標と呼ばれ，図2-7(b)の場合，座標系には台車に関する横軸座標 x [m] と振れ角に関する回転座標 θ [rad] があるから，q_1 を x，q_2 を θ と考える．f_i は一般化力と呼ばれ，q_i 軸に関して加えられている外力を指定する．この例の場合，台車の座標系 q_1 に対してのみ力 f [N] が加わっているから，$f_1=f$ とする．回転座標系 q_2 にはトルクなどは加わっていないので $f_2=0$ である．重力という外力は，ポテンシャルエネルギーで考慮されている．

$$\frac{d}{dt}\left(\frac{\partial T}{\partial \dot{q}_i}\right)-\frac{\partial T}{\partial q}+\frac{\partial D}{\partial \dot{q}_i}+\frac{\partial U}{\partial q_i}=f_i \tag{2-8}$$

偏微分方程式であるところがとっつきにくいのだが，用いるエネルギーの概念は高校で習うものばかりであるので，臆する事はない．さて，振り子の座標は(2-9)式で与えられ（振り子の最下点を Y 座標の原点とする），その速度は両辺を

2-2 バネは本当に振動を励起するか？

微分して(2-10)式となる．

$$\begin{cases} X = x + l\sin\theta \\ Y = l(1-\cos\theta) \end{cases} \quad (2\text{-}9)$$

$$\begin{cases} \dot{X} = \dot{x} + l\dot{\theta}\cos\theta \\ \dot{Y} = l\dot{\theta}\sin\theta \end{cases} \quad (2\text{-}10)$$

この系の運動エネルギーは，台車の質量を 0 と置いているため振り子の運動によるものだけであり，その値は $\frac{1}{2}mv^2 = \frac{1}{2}m(\dot{X}^2+\dot{Y}^2)$ であるから，(2-11)式を得る．これが(2-8)式の T に相当する．

$$\begin{aligned} T &= \frac{1}{2}m\{(\dot{x}+l\dot{\theta}\cos\theta)^2 + (l\dot{\theta}\sin\theta)^2\} \\ &= \frac{1}{2}m\dot{x}^2 + ml\dot{x}\dot{\theta}\cos\theta + \frac{1}{2}ml^2\dot{\theta}^2 \end{aligned} \quad (2\text{-}11)$$

一方，ポテンシャルエネルギ U は振れ角 0 [rad] の点を基準にすれば(2-12)式となる．

$$U = mg(1-\cos\theta)l \quad (2\text{-}12)$$

さて，振れ角 $\theta \fallingdotseq 0$ と近似すると，$\frac{\partial T}{\partial \dot{q}_1} = \frac{\partial T}{\partial \dot{x}} = m\dot{x} + ml\dot{\theta}\cos\theta \cong m\dot{x} + ml\dot{\theta}$，$\frac{d}{dt}\left(\frac{\partial T}{\partial \dot{q}_1}\right) = m\ddot{x} + ml\ddot{\theta}$ であり，$\frac{\partial U}{\partial q_1} = \frac{\partial U}{\partial x} = 0$ であるから，(2-8)式の q_1 軸に関して(2-13)式を得る．

$$m\ddot{x} + ml\ddot{\theta} = f \quad (2\text{-}13)$$

同様に，$\frac{\partial T}{\partial \dot{q}_2} = \frac{\partial T}{\partial \dot{\theta}} = ml\dot{x}\cos\theta + ml^2\dot{\theta} \cong ml\dot{x} + ml^2\dot{\theta}$，$\frac{d}{dt}\left(\frac{\partial T}{\partial \dot{q}_2}\right) = ml\ddot{x} + ml^2\ddot{\theta}$ であり，$\frac{\partial U}{\partial q_2} = \frac{\partial U}{\partial \theta} = mgl\sin\theta \cong mgl\theta$ であるから，(2-8)式の q_2 軸に関して(2-14)式を得る．

$$ml\ddot{x} + ml^2\ddot{\theta} + mgl\theta = 0 \quad (2\text{-}14)$$

(2-13), (2-14)式を整理すると(2-15)式を得．あろうことか，ここには振動の項は見当たらない．加えた力 f に比例して振れ角 θ が生じるだけである．符号がマイナスであるのは，図2-7(b)において正方向に力を入れると振り子が遅れて負方向に振れることから理解できるだろう．

$$\theta = -\frac{1}{mg}f \tag{2-15}$$

さて，本節では，バネは振動する，振り子は振動する，といった常識にあえて異を唱えた．バネや台車の質量が無視できる（あるいは無視できるほど小さい）状況で，理想的な力制御が実現できれば振動は生じないという，常識に対するアンチテーゼである．もちろん，この様な状況が実際の製品開発でほとんど起こり得ないことは百も承知である．本節の目的は，あえて特殊な状況を考えることで振動の本質を別の側面から理解することであった．もし，皆さんの身のまわりで「思ったほど」振動が起きなかった事例があったとしたら，こうした現象が起こっていたのかもしれない．

2−3　ラグランジュの運動方程式の簡単化した解説

　運動方程式を立てる方法にはいくつか方法があり，最も基礎的なものは中学生のころから慣れ親しんだ力のつり合いを用いる方法である．しかしながら実際の機械は直動機構，回転機構，リンク機構など複雑な機構が組み合わさってできており，トルクや力を漏れなくピックアップして立式することは難しい．一方，ラグランジュの運動方程式はエネルギーのやり取りの原理に基づいており，直交座標や回転座標が複雑に絡み合った運動の定式化にはもってこいである．最もそのメリットが生かされるのは，実際の機構で数多く含まれる「拘束」を無視できるところにあるのではないかと筆者は考えている．

　例えば，直動運動では直動運動たらしめるガイドが必要だが，力のつり合いによる立式ではガイドからの拘束力がどの程度かを見込む必要がある．対してラグランジュの運動方程式ではガイドを無視して立式できる．なぜならば，ガイドに対して垂直に力が加わっても，「力の方向に動かなければ」，すなわちしっかりと拘束されていれば，エネルギー＝仕事＝力×力の向きに動く距離＝0 となり，拘束力を考えなくて良いからである．

　本節では，前節で述べたラグランジュの運動方程式がなぜそのような形になるのか，粘性等によるエネルギー損失や外力が無い時を例に簡潔に解説するが，その目的は振動問題の解決に必要不可欠な運動方程式の立式のための本質を理解頂くことである．正確さよりも理解のしやすさに重点を置いているため，詳細については力学の専門書を参考にされたい．

　さて，ラグランジュの運動方程式は次の原理から出発する．粘性等によるエネルギー損失や外力が無い時，**物体は運動エネルギーの総和とポテンシャルエネルギーの総和ができるだけ等しくなるように運動する**．この原理から(2-8)式の主要部分が求められることを以下に示していこう．

　まず，物体がたどるべき運動を一般化座標と呼ばれる q で定義し，運動エネル

ギーを $T(q,\dot{q})$,ポテンシャルエネルギーを $U(q)$ と表現する.例えば,鉛直座標系 y(下方向が正)における質量 m の質点の自然落下運動を考えると,q とは y のことで,$T(q,\dot{q})=\frac{1}{2}m\dot{y}^2$,$U(q)=-mgy$ である.最終的には質点の位置座標 y は $y=\frac{1}{2}gt^2$ という高校で習う時間関数に帰着するが,この y の関数がそもそもどのような微分方程式を満たす y であるのかを説明するのが,ラグランジュの運動方程式である.

ここで評価関数として以下のものを定義する.

$$J=\int_0^t L(q,\dot{q})\,dt$$

$$L=T(q,\dot{q})-U(q)$$

L は運動エネルギーとポテンシャルエネルギーの差分で,その時間積分 J が最小になる(必ずしも等しくなる,つまり差分がゼロになるというわけではない)ということが,「運動エネルギーの総和とポテンシャルエネルギーの総和ができるだけ等しい」ということを意味する.

解がわからない段階では,ありとあらゆる無数の時間関数 q が解の候補として挙げられるが,その中でも J を最小にする真の解を q_0 としよう.先ほどの例では $q_0=\frac{1}{2}gt^2$ である.

さて,**図 2-9** において q の関数の変化に応じて J の値も変化するが,真の解 $q=q_0$ のときに J が最小化されるはずであるから,その時の q の変化に対する J の変化の傾きは点線のようにフラットになる.ここで q_0 が $q_0+\delta$ に,$\dot{q}_0$ が $\dot{q}_0+\dot{\delta}$ に微小変動したとしても,それに伴う J の微小変動 ΔJ は,J の q_0 での傾きより $\Delta J=0$ となる.この微小変動は時間途中のみで生じるものとしよう.例えば,**図 2-10** の点線のような変化で,$\delta(0)=\delta(t)=0$ を満たすようなイメージである.

このとき微小変動 ΔJ は,

2-3 ラグランジュの運動方程式の簡単化した解説

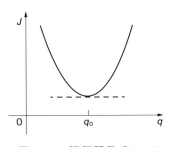

■図 2-9■ 評価関数 J の q に対する変化

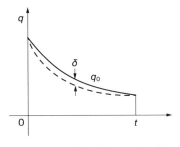

■図 2-10■ 真の解 q_0 からの摂動 δ のイメージ

$$\Delta J = \int_0^t \{L(q_0+\delta, \dot{q}_0+\dot{\delta}) - L(q_0, \dot{q})\}dt$$

と表現できる．テイラー展開から，

$$L(q_0+\delta, q_0+\dot{\delta}) \approx L(q_0, \dot{q}_0) + \frac{\partial L(q, \dot{q})}{\partial \dot{q}}\bigg|_{q=q_0, \dot{q}=\dot{q}_0}\dot{\delta} + \frac{\partial L(q, \dot{q})}{\partial q}\bigg|_{q=q_0, \dot{q}=\dot{q}_0}\delta$$

$$= L(q_0, \dot{q}_0) + \frac{\partial L(q_0, \dot{q}_0)}{\partial \dot{q}}\dot{\delta} + \frac{\partial L(q_0, \dot{q})}{\partial q}\delta$$

となり，ΔJ は

$$\Delta J = \int_0^t \left\{\frac{\partial L(q_0, \dot{q}_0)}{\partial \dot{q}}\dot{\delta} + \frac{\partial L(q_0, \dot{q}_0)}{\partial q}\delta\right\}dt$$

と簡略化できる．部分積分の公式において，u, v を矢印のように考えれば，

$$\int uv' = uv - \int u'v$$

$$\frac{\partial L}{\partial \dot{q}} \quad \dot{\delta} \qquad \frac{\partial L}{\partial \dot{q}} \quad \delta \qquad \frac{d\frac{\partial L}{\partial \dot{q}}}{dt} \quad \delta$$

$$\Delta J = \int_0^t \left\{ \frac{\partial L(q_0, \dot{q}_0)}{\partial \dot{q}} \dot{\delta} + \frac{\partial L(q_0, \dot{q}_0)}{\partial q} \delta \right\} dt$$

$$= \left[\frac{\partial L(q_0, \dot{q}_0)}{\partial \dot{q}} \delta \right]_0^t + \int_0^t \left(-\frac{d\frac{\partial L(q_0, \dot{q}_0)}{\partial \dot{q}}}{dt} \delta + \frac{\partial L(q_0, \dot{q}_0)}{\partial q} \delta \right) dt$$

$$= \int_0^t \delta \left(-\frac{d\frac{\partial L(q_0, \dot{q}_0)}{\partial \dot{q}}}{dt} + \frac{\partial L(q_0, \dot{q}_0)}{\partial q} \right) dt = 0$$

のように変形できる．δ として様々な関数が考えられるので，任意の δ に対して上式が成立するためには積分の中の括弧内が，

$$-\frac{d\frac{\partial L(q_0, \dot{q}_0)}{\partial \dot{q}}}{dt} + \frac{\partial L(q_0, \dot{q}_0)}{\partial q} = 0$$

となるはずで，$L(q, \dot{q}) = T(q, \dot{q}) - U(q)$ より，

$$-\frac{d}{dt}\left(\frac{\partial T(q_0, \dot{q}_0)}{\partial \dot{q}} - \frac{\partial U(q_0)}{\partial \dot{q}} \right) + \frac{\partial T(q_0, \dot{q}_0)}{\partial q} - \frac{\partial U(q_0)}{\partial q}$$

$$= -\frac{d}{dt}\left(\frac{\partial T(q_0, \dot{q}_0)}{\partial \dot{q}} \right) + \frac{\partial T(q_0, \dot{q}_0)}{\partial q} - \frac{\partial U(q_0)}{\partial q}$$

符号を反転すると真の解 q_0 は，

$$\frac{d}{dt}\left(\frac{\partial T}{\partial \dot{q}} \right) - \frac{\partial T}{\partial q} + \frac{\partial U}{\partial q} = 0$$

を満たす q でなければならい．

冒頭の自由落下の例では，$\frac{\partial T}{\partial \dot{q}} = \frac{\partial \frac{1}{2}m\dot{y}^2}{\partial \dot{y}} = m\dot{y}$ で，$\frac{d}{dt}\left(\frac{\partial T}{\partial \dot{q}} \right) = m\ddot{y}$，$\frac{\partial T}{\partial q} = \frac{\partial \frac{1}{2}m\dot{y}^2}{\partial y} = 0$ である．また，$\frac{\partial U}{\partial q} = \frac{\partial (-mgy)}{\partial y} = -mg$ であり，ラグランジュの運動方程式として $m\ddot{y} - mg = 0$ を得るから，よく知られた運動方程式 $\ddot{y} = g$ を得る．

2-4　剛性を上げることは振動抑制につながる？

　会社員時代の筆者の最後の業務は，三次元加工機の開発であった．大きさは1m角ほどの機械で，切削対象は樹脂やアルミである．主にデザイナの形状試作や小ロット小物部品加工用の機械である．鉄を削るわけではないのでNCマシンほどの剛性は必要ないが，それでも切削時の振動が問題となった．切削時に機械がビビると，それがそのまま切削痕として成果物に残ってしまう．特にアルミの切削痕の良否は，輝きを見れば一目瞭然である．

　当然，ビビリを止めるために機械剛性を高めることが急務とされた．どこの剛性が弱いのか？　機械を押したり引いたり，CAE上で外力を加えてみたり，機械の歪をいろいろと計測・シミュレーションしたのだが，結局，問題解決の決め手を得ることはなかった．そう，工作機メーカの方ならもうお分かりだろう．こんなことをいくら調べてもむだなのだが…

　問題を明確にしよう．図2-11は加工機の簡単な側面図である．灰色の部分が加工機本体で，そこに質量 m [kg] のヘッドとスピンドルが取り付いている．

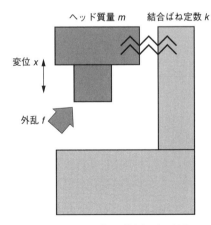

■図2-11■　加工機側面概略図

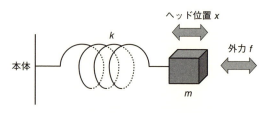

■図2-12■　簡単なバネ・マスモデル

ヘッドと本体は，本体自身やリニアガイド等の剛性を含めたバネ定数 k [N/m] で結合されているとする．切削時に刃物は外力 f [N] を切削対象から受け，このためヘッドが x [m] の変位を起こす．問題は，この変位のために切削物に切削痕が残ってしまうことである．さあ，あなたならどうするだろう？

「剛性を上げるのだからバネ定数 k を上げればいいじゃん」と考えたあなた．あなたは当時の我々並にド素人です．「ヘッドを重たくすると，余計剛性が悪くなってだめだ．ヘッドはできるだけ軽くする．すると共振周波数も上がって剛性も高まる」こう考えたあなた．あなたは残念ながら無限地獄に陥るでしょう．

定式化によって正解を説明していこう．この例の場合，バネ・マス系でモデル化すると**図 2-12** のようになり，外力 f と変位 x に関する運動方程式は，

$$m\frac{d^2t}{dx^2} + kx = f \tag{2-16}$$

となる．これをラプラス変換すると外力に対する変位の伝達関数として，

$$\frac{X(s)}{F(s)} = \frac{\dfrac{1}{m}}{s^2 + \dfrac{k}{m}} \tag{2-17}$$

を得る．左辺は切削力（外力）に対するビビリ（変位）の比で，この値が大きければ大きいほど，小さな外力で大きなビビリが発生することになる．値が小さければ小さいほどビビリに強い高剛性な機械と言える．

さて，問題を簡単・シンプルにするために，わかりやすい係数で周波数特性図を書こう．基準を $m=1$ [kg]，$k=1$ [N/m] として，k を 1, 2, 10 と変えた時の

2-4 剛性を上げることは振動抑制につながる？

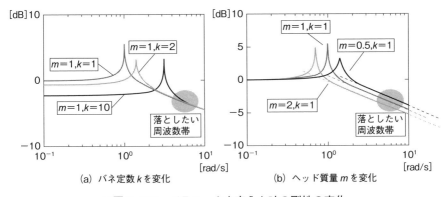

■図2-13■ パラメータを変えた時の剛性の変化

周波数特性を**図2-13**(a)に示す．グラフの横軸は外力の周波数，縦軸は外力に対するビビリの比である．外力やビビリは高い周波数領域で発生するから，図の右灰色部あたりの周波数に相当する．どうだろう．バネ定数を上げることによって，ビビリは改善されただろうか？ No！ バネ定数はこの周波数領域では全く有効ではない．むしろ場合によっては共振周波数にぶつかり，かえって振動を高める懸念すらある．もちろん，低周波領域においては剛性の向上が見られるが．実は，機械を押したり，CAEで歪みを調べたり，冒頭で述べた調査はこのバネ定数を計測していたに過ぎない．何らかの結果を導き出してバネ定数を変化させたとしても，高周波のビビリ振動には何ら有効ではないのである．

では，ヘッド質量を変えるとどうだろうか．mを0.5，1，2と変えた時の周波数特性を図2-13(b)に示す．今度は一目瞭然で効果が確認できるだろう．すなわち，ヘッド質量を増した時にビビリが小さくなり，逆にヘッド質量を軽くすることでビビリは大きくなる．この理由は簡単である．伝達関数の大きさ（絶対値）はsに$j\omega$を代入することによって得られるが，(2-17)式の分母に着目すると，ωが大きな高周波領域では$\dfrac{k}{m}$の項は相対的に無視でき，(2-18)式に近似できる．

$$\left|\frac{X(s)}{F(s)}\right| = \frac{1}{m\omega^2} \qquad (2\text{-}18)$$

第2章 振動制御の常識・非常識

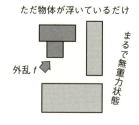
(a) 高周波だけ見えるメガネ

(b) 低周波だけ見えるメガネ

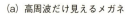
■図2-14■ 周波数選別メガネをかけたら

　つまり，ある角周波数 ω におけるビビリ量は $\frac{1}{m}$ で決まり，バネ定数には依存しないのである．参考までに伝達関数 $\frac{1}{ms^2}$ の近似曲線を図2-13(b)に点線で示す．

　もう「無限地獄に陥る」と言った意味がおわかりだろう．「このぐらいの軽量化ではビビリに効果がない！？　ならもっと軽くしなきゃ．あれ，まだ効かない．もっと軽くしなきゃ．どんどん軽くして剛性あげなきゃ．やってもやってもキリがない…」

　もし，周波数によって見えるものが選別できるメガネをかけたのなら，**図2-14**のように見えるだろう．高周波だけが見えるメガネなら，(a)のようにすべての構造物はプカプカ浮いて見える．なぜなら質量が支配的でバネ結合の強さは無縁である．低周波だけが見えるメガネなら(b)．すべての質量は無視され，結合部分だけで機械は構成される．

　世の中，「チタンやマグネ使って軽く強く作れば何でも性能アップ」などと言う都市伝説があるが，それも封印されるべき一つであろう．何の問題を解決しようとしているのか，それに最も有効な対策は何なのか．思い込みにとらわれない冷静な判断力が技術者には必要である．

2-5　ピシッと位置決めをするサーボが良いサーボではない

　筆者が本書を通じて言いたいことは、「人の言うことは信じるな。自分で見たものだけを信よう」ということである。大学の先生として学生にもその様に伝えてある。当然、私の言うことも信じるな、であり、本書に書かれてあることも鵜呑みにしてはいけない…

　筆者が会社員時代に取組んだ製品の一つに「ペンプロッタ」がある。X-Yステージ機構の先端にペンを取りつけ、人が文字を書くように縦横無尽にペン先を走らせ図面を書く。1990年初頭まで、図面を書くと言えば、このペンプロッタであった。懐かしいと思う方も少なくなっただろう。プロッタの出始めの頃はステッピングモータで駆動していたが、やがて高速化と大型化の波が押し寄せ、サーボモータを使ったシステムに乗換えならなければならなくなった。古い技術者と新しい技術者の選手交代の時である。

　プロッタは大きい物になると機械のサイズは A0 を超える。一方、ペン先のスピードは速いものでは 1 [m/s] 以上、加速度は 4 G（40 m/s^2）にものぼり、加速開始からトップスピードまでの時間は 25 [ms] しかない。しかも、PTP（point to point）ではなく CT（continue path）だから、ペン先がその場所に到達すれば良い、という代物ではない。直線なら直線、真円なら真円で、全ての経路において「ピシッ」と指定通りの軌跡を描くことが要求される。要求精度はペン先で +/-10 [um]、といったところだろう。線の間隔が 20 [um] ずれると人間の目で粗密がわかってしまう。ところが、モータとペン先の運動伝達はワイヤやタイミングベルトで行われるので、剛性が低いこと極まりない。しかもセミクローズド制御なので、ペン先の本当の位置はわからない。その上モータのエンコーダ分解能は 1 [um] も無い。何から何まで厳しいことだらけで、今から考えるとかなり難しい技術であった。

　さて、**図 2-15** に示すグラフは、位置決め完了時の**モータの動き（モータ角度**

第2章 振動制御の常識・非常識

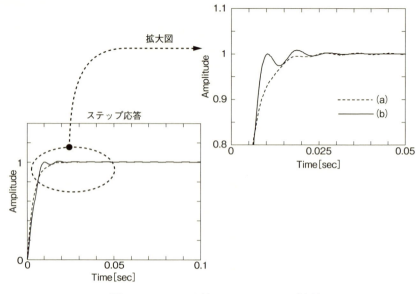

■図2-15■ モータ軸におけるステップ応答

をシミュレーションしたものである．点線(a)は比較的スムーズに位置決めが完了しているが，実線(b)はどうにもフラついている．さて，どちらが位置決め装置として優秀な制御だろうか？

普通に考えれば(a)であるが，答えは意外にも(b)である．(a)はダメな制御である．ステッピングモータ時代の常識からいって，当然，良い位置決めのためにはモータがピシッと位置決めしなければならない．もし，(b)のようであればモータは脱調してしまうだろうし，ペン先もフラフラしてしまうので，きれいな直線を描けるわけがない．我々も最初はそう思っていた．しかし，途中で気づいたのだ．(b)こそが振動を抑える制御であると．サーボ時代の新しいモータの動かし方であると．

このシミュレーションの元となった機構図は既に図1-6で示したものである．また，この時の制御ブロックを**図2-16**に示す．モータに低剛性のバネ系（ワイヤ・タイミングベルト）が取り付いて，その先に機械先端部（ペン）が取り付け

2−5 ピシッと位置決めをするサーボが良いサーボではない

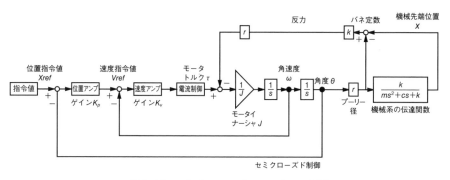

■ 図2-16 ■ シミュレーションブロック図

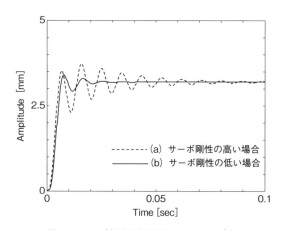

■ 図2-17 ■ 機械先端位置のステップ応答

られている．機械先端はローラで滑り良くフレームに固定されるが，ある程度の粘性抵抗 c を持つ．モータには制御器からトルク（電流）が与えられると共に，先端位置の振動がベルト・プーリを介して反力として伝わる．モータ角度はエンコーダで計測され，コントローラは電流制御系，速度制御系，位置制御系が三重のループを構成している．基本的な2慣性系のセミクローズド制御である．

図 **2-17** にこの時の機械先端位置（ペン先の位置）の観測結果を示そう．なぜ(a)がダメなのか，これでお分かり頂けると思う．機械先端の振動は(b)の方が

第2章　振動制御の常識・非常識

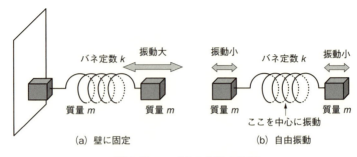

■図2-18■　バネの振動の比較

明らかに小さく，速く減衰する．この動きの違いの原因は，サーボ剛性の違いである．(a)では速度アンプのゲインを上げて，サーボ剛性を高めてある．このためモータそのものは指令値の通り的確に動作し，最終位置決め位置でスムーズに止まる．対して，(b)ではゲインを低めに抑えており，速度フィードバックループは弱く，モータ自身は先端負荷に振られてフラフラ動く．いわゆるサーボ剛性の低い状態である．実は，このフラフラがクッションの役割を果たし，先端の振動エネルギーを緩和・吸収しているのだ．この例の場合，電流制御，位置アンプゲイン K_p は(a)，(b)で同一だが，速度アンプゲイン K_v については，(a)は(b)の12倍ほどに設定してある．

極端でシンプルな例を図2-18に示そう．質量 m [kg] の同一物体がバネ定数 k [N/m] を持つバネの両端に取り付けられており，(a)は左側が壁で固定されている状態，(b)はそれらが自由振動を行う状態である．同じ振動エネルギーを外部から与えた時，バネの右側の物体に着目すると，(a)，(b)どちらがより大きく振幅するだろうか．(a)の左は壁で固定されているから，右のみが振動し，その共振角周波数は $\sqrt{\dfrac{k}{m}}$ [rad/s] である．(b)はバネの真ん中を中心に双方の質量が均等に振動し，見かけ上バネの長さが半分になっているから，その共振角周波数は $\sqrt{\dfrac{2k}{m}}$ である．一見，(a)の方が固定されているから振動が小さくなる

2-5 ピシッと位置決めをするサーボが良いサーボではない

様に思いがちだが，(b)の方が共振角周波数が高く，かつ2つの物体にエネルギーが分配されるため振幅は小さくなる．この場合，(b)の自由振動とはサーボ剛性が極端に低く，拘束の無い状態に相当し，(a)の壁固定の状態はサーボ剛性が極端に高い場合に相当する．このことから，サーボ剛性の低い方が機械先端の振動を抑制できることが理解できるだろう．

実は，この知見は2-2節「バネは本当に振動を励起するか？」にも共通する特性である．2-2節で「力を加える」と言う事象は，「位置の拘束を設けない」ことと同義である．すなわち，サーボ剛性を極端に落とし，速度制御や位置制御をしないでモータトルクだけを与える状態に相当する．このとき，モータイナーシャが十分に小さければ，2-2節と同様の状況になり，機械先端は振動しない．

もう少し，制御工学的に考察しよう．第1章でも述べたが，機械全体の振動は制御系と機械系の合成で決定される．図2-15，2-17を求めた時のボード線図を以下に示す．**図2-19**は速度指令値 $Vref$ からモータ角速度 ω への，**図2-20**はモータ角度 θ から機械先端位置 x への，**図2-21**は位置の指令値 $Xref$ から機械先端位置 x までのボード線図である．また，それぞれに対応した伝達関数を(2-19)－(2-21)式に示す．これらの図を見比べれば，サーボ剛性が低い場合，制御系のボード線図（図2-19）のゲインの落ち込みと機械系のボード線図（図2-20）の

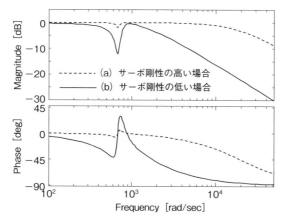

■ 図2-19 ■　速度指令値からモータ角速度へのボード線図

第2章 振動制御の常識・非常識

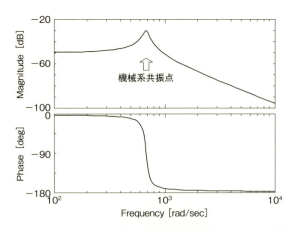

■図2-20■ モータ角度から機械先端位置へのボード線図

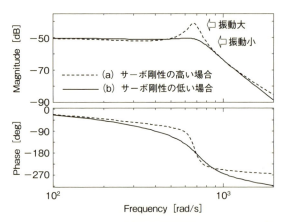

■図2-21■ 指令値から機械先端位置までのボード線図

ピークが打ち消しあい,系全体の周波数特性がフラットになっている(図2-21)ことがお分かりいただけるだろう.一方,サーボ剛性が高い場合,制御系の周波数特性がフラットである分,その分指令値には的確に従うが,機械系の振動のピークが系全体の周波数特性に如実に現れ,ステップ応答の振動となっていることが確認できる.

2-5 ピシッと位置決めをするサーボが良いサーボではない

グラフからだけではなく，伝達関数からもこのことが確認できる．機械系の伝達関数(2-20)式の分母は速度制御の伝達関数(2-19)式の分子となって現れる．ところが，これらはキャンセルし合い，位置決め指令値から機械先端の伝達関数(2-21)式では，ms^2+cs+k の項は現れない．システム全体の挙動は(2-21)式の極によって決定され，速度アンプのゲイン K_v，位置アンプのゲイン K_p をうまく調整することによって，機械先端を振動無く制御できる．

$$\frac{W(s)}{Vref(s)}=K_v\frac{ms^2+cs+k}{Jms^3+(cJ+mK_v)s^2+(cK_v+Jk+r^2mk)s+(r^2c+K_v)k} \quad (2\text{-}19)$$

$$\frac{X(s)}{\theta(s)}=r\frac{k}{ms^2+cs+k} \quad (2\text{-}20)$$

$$\frac{X(s)}{Xref(s)}=r\frac{K_pK_vk}{Jms^4+(cJ+mK_v)s^3+(cK_v+Jk+r^2mk+mK_pK_v)s^2 \\ +(r^2ck+cK_pK_v+kK_v)s+K_pK_vk} \quad (2\text{-}21)$$

もし，サーボ剛性を高めるために K_v，K_p のゲインをどんどん上げていったらどうなるだろう．(2-21)式の分母において，K_v，K_p が突出して支配的になると(2-22)式のように簡単化できる．ここで s^4 や s^3 の項が支配的でない中周波領域を考えて s^4，s^3 の項を無視して分母子を K_pK_v で約分するとすると，まさに(2-20)式そのものとなり，機械共振がそのまま表れることが理解できる．

$$\frac{X(s)}{Xref(s)}=r\frac{K_pK_vk}{Jms^4+mK_vs^3+mK_pK_vs^2+cK_pK_vs+K_pK_vk} \quad (2\text{-}22)$$

では，そもそも図2-19の周波数特性の落ち込みは何によって生じるものだろうか？ これは機械先端のイナーシャとモータのイナーシャのバネを介しての干渉によるものである．極端に簡単化したモデル図は図2-18(b)であり，左側の物体に力 f を加えたときの同物体の速度の伝達関数は(2-23)で与えられ，その時の力に対する速度の周波数特性を**図2-22**に示す．分子をゼロにする角周波数がゲインの落ち込み部分（反共振）を作り出し，その角周波数は $\sqrt{\frac{k}{m}}$ [rad/s] とな

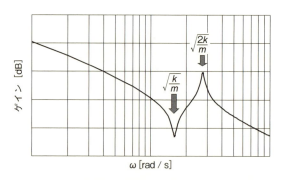

■図2-22■ 左右の質量が同じ場合の力から速度への周波数特性

る．一方，分母を0にする角周波数がゲインのピークを作り出し，その角周波数は$\sqrt{\frac{2k}{m}}$ [rad/s] である．落ち込み部分の角周波数は，左側を固定した場合のそれと同一であるが，それもそのはず，(2-23)式の伝達関数の値がほぼゼロとは，力を加えても左の物体に速度が生じない，すなわち，あたかも左の物体が固定されたかのような状態になっているからである．このような現象は，左が固定されて右の物体だけが角周波数$\sqrt{\frac{k}{m}}$ [rad/s] で振動している状態と等価である．他方，ピークの角周波数が$\sqrt{\frac{2k}{m}}$ [rad/s] となる理由は，バネの真ん中を中心に左右の質点が対称に振動するからである．

$$\frac{V(s)}{F(s)} = \frac{1}{ms} \frac{ms^2 + k}{ms^2 + 2k} \tag{2-23}$$

これを本節の例に当てはめると，制御ゲインがないとしたときのモータトルクτからモータの角速度ωまでの伝達関数は(2-24)式で与えられる．この状態で速度制御ループのみを組み（位置制御は行わないものとする），フィードバックゲインK_vを強めていくと，速度指令V_{ref}からモータ角速度ωまでの周波数特性は，**図2-23**の様に落ち込み部分とピークが丸まっていくとともに，システム全体の周波数帯域が広がっていく．すなわち，モータ角速度を速度指令通りに動かそう

2-5 ピシッと位置決めをするサーボが良いサーボではない

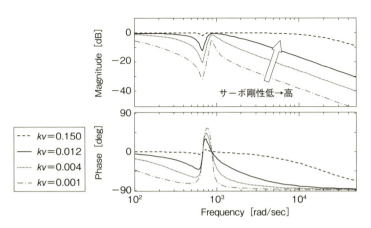

■図2-23■ 速度制御ゲインによる周波数特性の変化

とサーボ系が頑張ってしまい，どんどんクッションが失われ硬くなっていく．これが図2-19のメカニズムである．

$$\frac{W(s)}{T(s)} = \frac{1}{s} \frac{ms^2+cs+k}{Jms^3+cJs^2+k(J+r^2m)s+r^2kc} \tag{2-24}$$

以上のことから，次のようなことが言える．セミクローズド制御において，過大なフィードバックゲインは機械先端での振動を引き起こすため，避けなくてはならない．これは，サーボ剛性が高まり，システムが本来有している反共振，すなわちクッションが機能しなくなるためである．**この反共振は特別に設計しなくても，モータと機械系の力学的干渉により自然発生的に生じる．フィードバックを弱めて反共振の特性を制御系に残すことによって，機械系の共振をキャンセルし，機械先端の振動をある程度防止することができる．**その際，モータではむしろ振動が確認される．これは，フィードバックを殺すことによって振動制御を実現しているので能動制御とは言い難い．また，このクッションで振動エネルギーを機械系に伝えないようにしているので，防振の類だと著者は考えている．第1章の図1-3で，防振の項目に「セミクローズド制御の一部」とあるのはこのためである．

実は当時，こうしたサーボ系の特徴をベテラン機械技術者にいくら説明しても，理解してもらえることは無かった．教訓は明らかである．残念ながら古い技術や実績にしがみついて開発を進めても，新しい技術の前では無力である．大学の先生が学生に自分の実績の話ばかりをするのも全く同じことだ．もし，話をしたいのなら"今の話"をしよう．そして，"これからの話"ができるのは，若い学生の特権である．

Column ④

複素数のイメージの難しさ

　高校で虚数 i が登場するのは 2 次方程式の解のところだ．例として $x^2-2x+2=0$ を考える．学校では，$y=x^2-2x+2$ のグラフを書いて（**図④-1**），それは x 軸（$y=0$）と交わらない．だから現実の世界では $x^2-2x+2=0$ の解は無くて，実体のない虚数を使って表すのですよ，と教える．ところが，これでは x 軸に交わらないことと，i を使った解との関係がさっぱりわからない．そこで次の様に考えたらどうだろう．

　後の混乱を防ぐために，ここからは y ではなく $z=x^2-2x+2$ とする．z の関数において，入力 x として複素数を考えれば，出力 z も複素数になる．例

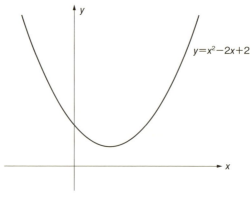

■図④-1■ 2次関数の x-y 平面におけるグラフ

えば，$x=1+i$ の時，$z=0$ である．$x=-1-i$ の時，$z=4+4i$ である．関数 $z=x^2-2x+2$ とは，こうした 2 次元の複素平面で表現される x から，2 次元の複素平面で表現される z への変換を意味する（**図④-2**）．しかし，正直これはイメージしにくい．人間は 3 次元の世界で生きているので，入力 2 次元，出力 2 次元の合計 4 次元を一気に理解することは難しい．複素数の理解が難しいのは，このようなところにも原因があろう．

そこで**図④-3**の様に，入力たる複素数 x は水平の複素平面で表して，さまざまな x に対する関数 $z=x^2-2x+2$ の値を縦軸に表現してみよう．左図は縦軸として z の実部を表現したものである．鳥瞰的に眺めると，馬の鞍の形のような凹凸のあるグラフとなっていることがわかる．中図には絶対値 $|z|$ を色の濃淡で表した 3 次元立体図を真上から覗いたものを表してみよう（$|z|$ とは，$z=a+bi$ のときの $\sqrt{a^2+b^2}$ である）．ちょうど座ったところにでき

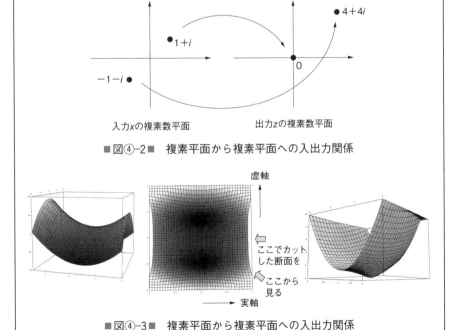

■**図④-2**■ 複素平面から複素平面への入出力関係

■**図④-3**■ 複素平面から複素平面への入出力関係

るお尻の窪みのように見える2つの黒い部分が絶対値の小さい部分である．すなわち，$|z|=x^2-2x+2$という関数の形は，3次元立体図で考えるとこのようにダイナミックな形を持った曲面であり，実はこの窪みの最下点がちょうど$|z|=0$となっている．方程式の解xとは，$x=○+○i$を入力した時にzの実部も虚部も0，すなわち$z=0+0i$となるようなxであり，そこはまさに$|z|=0$となる窪みの2点である．その複素面上の座標は，$x=1+/-i$となっているから，高校で解く2次方程式の虚数解と一致することが確認できるだろう．

では，高校で習う$y=x^2-2x+2$がx軸と交わらないということと，この立体図の関係はどうなっているのだろうか．高校で考える関数グラフの入力xは実数のみである．そこで図④-3中図において，入力が実数のみの部分，すなわち実軸（$i=0$）で立体図を切断した断面のグラフを示す（右図）．この切り口の形はまさに図④-1のグラフだ．この断面図では常に$|z|>0$でありx軸に交差することはない．高校では，関数グラフを書く時にはxとして実数だけを与えておきながら，方程式の解を求める時にだけ突然虚数を出す．そうではなく図④-3の様に関数グラフに対してもxを複素数として与えてあげれば，虚数解の意味もx軸に交差しない関係性も合点がいくのに…

文献一覧

[1] 後藤憲一，力学，学術図書出版社，1975
[2] 長沼伸一郎，物理数学の直観的方法，通商産業研究社，1987

第3章

プリシェイピング法による振動抑制

第3章　プリシェイピング法による振動抑制

3-1　プリシェイピング法の原理 ―共振を抑える制御法

　システムが残留振動の問題を有している場合，第1章で述べたように指令値か制御系か機械系のいずれかで共振周波数のゲインを落としてやればよい．

　抜本的対策だがお金と時間のかかる対策が機械系に対するそれである．粘性を上げたり，振動の出にくい機構に変えることが最も有効な方法ではあるが，設計変更には時間が必要であるし，コストも上がる．

　制御系における対策も有効である．フルクローズド制御にしたり，センサを追加したり，場合によってはオブザーバを用いるなどして振動対策を講じる場合もある．ただ，お金と時間もさることながら，閉ループの安定性を正しく理解した，その対策を実現できる技術者が身近に存在するかどうかも問題になる．

　そして，最も低コストで早急に対応可能なのが，指令値での対策である．これは振動を誘起するエネルギーをあらかじめ削除した，図1-19三段目のような反共振の周波数特性を持つ指令値を制御系に与えるもので，速度や加速度の与え方を工夫するだけで実現できる．この様な特性を持つ指令値を，ここでは**防振プロファイル**と呼ぼう．「防振」と呼ぶ理由は第1章でも示したように，あらかじめ振動のエネルギーを除するところにある．ただ，指令値側の対策なので，外力などにより発生する振動に関しては効果がない．

　防振プロファイルを生成する方法の一つが，本章で説明する**プリシェイピング法**である．正式にはプリシェイピングコマンドインプット法と呼ばれる方法であるが，本書では略してプリシェイピング法と呼ぼう．プリシェイピング法の命名者は1990年のSingerとSeering[1]であるが，その考え方は1958年のポジキャストコントロール[2]まで遡る．原理は簡単で次のようなものである．ほとんど減衰の無い振動系にインパルスを与えると，**図3-1**上図の実線のような振動が持続する．そこで振動の固有周期（振動周期）の半周期後に，もう一発インパルスを加えると点線のような振動が発生する．したがって，この2発のインパルスをセッ

3-1 プリシェイピング法の原理 ―共振を抑える制御法

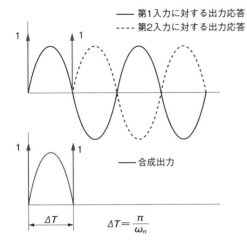

■図3-1■ プリシェイピング法の原理

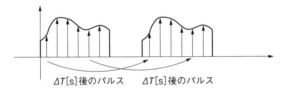

■図3-2■ つながりのある波形もパルスの集合と考える

トで与えると，点線の振動は元の実線の振動と打ち消しあい，結果，観測される振動は図3-1下図の様な単発だけに収まるというものである．**この手法のミソは，最初に加えた加速の半周期後に同じ加速を加えるだけなので，非常に簡便で簡潔な点である．**

ところで実際の波形はこのようなインパルス単発ではない．その場合，どのように考えれば良いだろう．それは**図3-2**に示すように，つながりのある波形を単発インパルスの連続と考えてやれば良い．それぞれのインパルスを半周期ずつずらすということは，元の波形全体を半周期ずらすことに等しい．

プリシェイピング法は極めて簡単な方法なので，早速ステップ状の加速波形に適用してみよう．1 [Hz] の共振周波数，すなわち固有周期が 1 [s] である振動

第3章 プリシェイピング法による振動抑制

機構をモータで駆動するとして，どの様な防振機能を持った加速波形，すなわち防振プロファイルを生成すれば良いのだろうか．

(a) 加速時間を固有周期の半周期より若干長くする場合

図 3-3(a)の黒部の様に最初の 0.15 [s] 間に最初の加速波形を与えるとすると，その半周期後（0.5 [s] 後）にもう一発灰色の加速波形を加えてやれば良い．したがって波形全体としては加速時間が 0.65 [s] で半周期より若干長いが，途中が出力 0 の凹型のプロファイルとなる．不思議な波形であるが，これが防振プロファイルのひとつの形である．ただし，この形はあまりにも加速波形が急峻な凹型なので，実際の機械に適用するとうまくいかない場合がある．

(b) 加速時間を固有周期と一致させる場合

図 3-3(b) は元の加速時間をちょうど固有周期の半周期分の 0.5 [s] とした場合である．最初の 0.5 [s] 後にさらにその加速波形を続けると，半周期遅れの加速度とつながって，ちょうど固有周期の一周期分のステップ加速を続けることになる．ステップ状の加速は S 字カーブよりも好ましくないと言われているが，実はちょうど一周期分の長さであれば，振動をピタリと止める防振プロファイルになる．

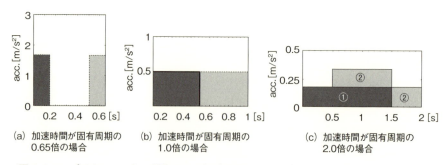

■図 3-3■ プリシェイピング法による加速時間と防振プロファイルの波形の関係（固有周期が 1 [s] の場合）

(c) 加速時間を固有周期より長くする場合

図3-3(c)を見て頂こう．凸型になっているのは，黒部部分とその半周期後の加速（灰色）が重複しているためである．①の最初の1.5 [s] 間の加速に対する半周期後の加速が②であり，ちょうど0.5 [s]〜1.5 [s] の間は①と②が重複するため，足し合わされて盛り上がった形となっている．トータルで固有周期より倍長い2秒間の凸型の加速時間となっているが，原理どおりの波形なので，これでも残留振動を抑える事ができる．これらの3つの図から，**加速時間が長くなるにつれ凹 ⇒ フラット ⇒ 凸と，加速波形が変化していく**ことが読み取れるだろう．**これが振動を抑制する加速波形の本質的な形である．**

(d) プリシェイピング法を2回施す場合

図3-4を見て頂こう．①の最初の1.5 [s] 間の加速に対する半周期後の加速が②であり，③の1秒間の加速に対する半周期後の加速が④である．トータルで固有周期より2倍長い2秒間の凸型の加速時間となっているが，原理どおりの半周期遅らせた波形の積み重ねなので，これも残留振動を抑える事ができる．

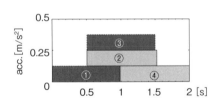

■図3-4■ 2段に積み重ねるプリシェイピング法

3-2　プリシェイピング法の定式化

　図 3-1〜3-4 は減衰のない，ある特定の例に対するケーススタディであったが，一般的な式としてプリシェイピング法はどのように与えられるのだろうか．また，振動に減衰のある機械系に対しては，どのように適用すれば良いのだろうか．それらを考えるために，まず，図 1-8 で与えられる 2 次遅れ振動系がどのような波形で振動するのかを考えていこう．なお，以下は c が小さく過減衰しないことを仮定している．

　運動方程式は (1-1) 式を変形して，

$$m\ddot{y}(t) + c\dot{y}(t) + ky(t) = kx(t) \tag{3-1}$$

で与えられる．さらに，一般性を持たせるために (1-4) 式で用いた置き換え $\omega_n = \sqrt{\dfrac{k}{m}}$, $\zeta = \dfrac{c}{2\sqrt{mk}}$ を用いると

$$\ddot{y}(t) + 2\zeta\omega_n\dot{y}(t) + \omega_n^2 y(t) = \omega_n^2 x(t) \tag{3-2}$$

のように書き換えられる．これがモータが $x(t)$ の運動を行った時の，機械先端位置 $y(t)$ の挙動を表す運動方程式である．さらに $x(t)$ としてインパルス信号 $\delta(t)$ を考えると (3-3) 式を得る．

$$\ddot{y}(t) + 2\zeta\omega_n\dot{y}(t) + \omega_n^2 y(t) = \omega_n^2 \delta(t) \tag{3-3}$$

「インパルス信号」とは，**図 3-5**(a) のように時刻 0 [s] の超極時間に集中して大きさがほぼ無限大に達するが，その面積は $\displaystyle\int_{-\infty}^{\infty} \delta(t)dt = 1$ で限定されるような信号で，イメージとしてはハンマーで衝撃を与えて一瞬だけモータ位置をポンとずらすような運動である．この時，$y(t)$ はどのような挙動になるのであろうか．横軸を時間軸とした応答は，図 3-5(b) 右図のような時間と共に減衰するサイン波形状になることは容易に想像できる．さらに，第 1 章でも用いた複素平面上をグルグルと回転する信号 $\hat{y}(t)$ との対応を考えると，図 3-5(b) 左図のように時間と

3-2 プリシェイピング法の定式化

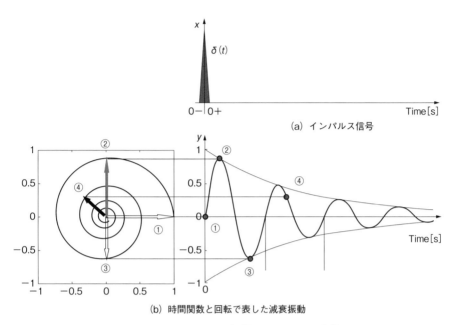

(a) インパルス信号

(b) 時間関数と回転で表した減衰振動

■図 3-5■ インパルス信号とインパルス応答

共に半径が小さくなり，やがては0になる渦巻き状の回転に対応させることができる．図において，時刻0 [s] では白矢印の状態，時刻②では灰色矢印，時刻④では黒矢印の状態と考えられる．表の社会（現実社会）で観測される $y(t)$ の式を求めることは，すなわち裏社会の複素平面上で回転する式 $\tilde{y}(t)$ を求めることである．ここで，$\tilde{y}(t)$ を次のように仮定する．

$$\tilde{y}(t)=re^{\alpha t}e^{j(\omega t+\phi)}=re^{\lambda t}e^{j\phi} \qquad (\lambda=\alpha+j\omega) \tag{3-4}$$

(3-4)式の中辺の r は時刻0における最初の回転半径（最大半径），α は時間と共に縮小する半径の縮小係数を表す．すなわち回転半径を $|\tilde{y}(t)|=re^{\alpha t}$ と考えている．$e^{j(\omega t+\phi)}$ は時刻とともに回転する項であるが，時刻0での初期回転角度を ϕ [rad] と考えている．

(3-4)式の右辺において λ は，$\lambda=\alpha+j\omega$ で，時間と共に変化する半径の減衰係数（実数部分）と回転角速度（虚数部分）を含めた複素数となる．(3-4)式に

おいて $\tilde{y}(t)$ を定めるために必要な未知数は，r, $\lambda(\alpha, \omega)$, ϕ の3つである．

(1) インパルス応答の導出法
(a) ϕ の決定

図3-5において，時刻0において $y(0)=0$ である．すなわち，表社会から見える $\tilde{y}(t)$ の部分，すなわち $Re[\tilde{y}(t)]=0$ でなければならない．したがって，$\phi=-\pi/2$ となる．図では縦方向が y であるので，①の時は右に90°回転している状態であることを注意されたい．

(b) λ の決定

インパルス信号 $\delta(t)$ は，時刻0における瞬間的な入力であるため，入力の無いそれ以外の時間においては(3-5)式を満たすはずである．

$$\ddot{\tilde{y}}(t)+2\zeta\omega_n\dot{\tilde{y}}(t)+\omega_n^2\tilde{y}(t)=0 \quad (t>0) \tag{3-5}$$

よって，$\tilde{y}(t)=re^{\lambda t}e^{j\phi}$ を代入して $\lambda^2 re^{\lambda t}e^{j\phi}+2\zeta\omega_n\lambda re^{\lambda t}e^{j\phi}+\omega_n^2 re^{\lambda t}e^{j\phi}=0$ から $re^{\lambda t}e^{j\phi}$ をくくりだして $\lambda^2+2\zeta\omega_n\lambda+\omega_n^2=0$ でなければならないことがわかる．したがって $\lambda=-\zeta\omega_n\pm j\omega_n\sqrt{1-\zeta^2}$ を得るが，虚部のマイナス符号は時間と共に逆回転することを意味して物理現象に合わないことから，λ として $\lambda=-\zeta\omega_n+j\omega_n\sqrt{1-\zeta^2}$ を得る．ここで実部が α，虚部が ω であるから，

$$\alpha=-\zeta\omega_n, \quad \omega=\omega_n\sqrt{1-\zeta^2} \tag{3-6}$$

となる．

(c) r の決定

インパルス信号が0以外の値を持つのは，時刻0のほんのわずかの瞬間であるが，そのわずかの瞬間を拡大して，入力直前，直後の時刻をそれぞれ $t=0_-$，$t=0_+$ と考えよう（図3-5(a)）．

(3-3)式には加速度 $\ddot{y}(t)$，速度 $\dot{y}(t)$，位置 $y(t)$ の3つの状態が含まれているが，このうち最も動きやすい，すなわち変化が大きいのは明らかに $\ddot{y}(t)$ である．それを積分して，少し緩やかな応答を持つものが $\dot{y}(t)$，さらにそれを積分して最も

動きが鈍く変化の小さいものが $y(t)$ であることは異論のないところであろう．さて，インパルス信号が入力されているごくわずかの時間，動きの鈍い $y(t)$ は入力が一瞬過ぎて変化することはない．すなわち，時刻 0 の前後で連続性は保たれて $y(0)=0$ のままである．一方，$\ddot{y}(t)$ はインパルス信号とシンクロして $0 \to$ 無限大 $\to 0$ と激しく変化する．問題は $\dot{y}(t)$ で，$t=0_- \sim t=0_+$ の間でどのように変化するだろうか．(3-3)式の両辺を $t=-\infty \sim t=0_+$ の区間で積分すると，

$$\int_{-\infty}^{0_+} \ddot{y}(t)\,dt + 2\zeta\omega_n \int_{-\infty}^{0_+} \dot{y}(t)\,dt + \omega_n^2 \int_{-\infty}^{0_+} y(t)\,dt = \omega_n^2 \int_{-\infty}^{0_+} \delta(t)\,dt \tag{3-7}$$

となる．ここで，(3-7)式の左辺第1項は，加速度を $t=0_+$ まで積分したものであるから，時刻 $t=0_+$ の速度 $\dot{y}(0_+)$ である．第2項は速度の積分であるから位置 $y(0_+)$ となるが，先に説明したように $y(0_+)=0$ である．第3項は位置を積分したものであるが，0 を積分しても値は 0 のままである．ポイントは右辺の $\int_{-\infty}^{0_+} \delta(t)\,dt$ で，インパルス信号の定義で説明したように，この値は 1 となる．結局 (3-7) 式は，

$$\dot{y}(0_+) = \omega_n^2 \tag{3-8}$$

にまとめられ，図1-8のバネ・マス・ダンパ系においては，$\dot{y}(0_+)=k/m$ となる．

さて，(3-4)式から $\dot{\tilde{y}}(t) = r(\alpha+j\omega)e^{\lambda t}e^{-j\frac{\pi}{2}} = r\left(\alpha + \omega e^{j\frac{\pi}{2}}\right)e^{\lambda t}e^{-j\frac{\pi}{2}} = r\left(\omega + \alpha e^{-j\frac{\pi}{2}}\right)e^{\lambda t}$

となり $\left(j=e^{j\frac{\pi}{2}}\right)$，時刻 0 [s]（$0_+$ も 0 に含まれる）における裏社会の角速度は $\dot{\tilde{y}}(0) = r(\omega - j\alpha)$ となる．我々が観測できる表社会の速度 $\dot{y}(0)$ は $\dot{\tilde{y}}(0)$ における実部 $Re[\dot{\tilde{y}}(0)]$ であるから，(3-8)式と合わせて考えると $Re[\dot{\tilde{y}}(0)] = r\omega = \omega_n^2$ となり，(3-6)式も合わせて考えると，$r = \omega_n^2/(\omega_n\sqrt{1-\zeta^2}) = \omega_n/\sqrt{1-\zeta^2}$ を得る．

以上 (a), (b), (c) の結果から，複素平面における半径が時間と共に縮小する回転を表す $\tilde{y}(t)$ は，

$$\tilde{y}(t) = re^{\alpha t}e^{j(\omega t + \phi)} = \frac{\omega_n}{\sqrt{1-\zeta^2}} e^{-\zeta\omega_n t} e^{j\left(\omega_n\sqrt{1-\zeta^2}\,t - \frac{\pi}{2}\right)} \tag{3-9}$$

となり，(3-9)式の表社会の部分を抜き出すと，一般に減衰振動を行う2次遅れ系のインパルス応答と呼ばれる $y(t)=\dfrac{\omega_n}{\sqrt{1-\zeta^2}}e^{-\zeta\omega_n t}\sin(\sqrt{1-\zeta^2}\omega_n t)$ と一致する．これをグラフ化したものが図3-5(b)右図である．振動波形の上下限は常に $y(t)=\dfrac{\omega_n}{\sqrt{1-\zeta^2}}e^{-\zeta\omega_n t}$ のグラフに接し，これは包絡線と呼ばれる．

注意すべき点は，回転の角速度 ω [rad/s] が $\omega=\omega_n\sqrt{1-\zeta^2}$ に変化していることである．これは，ζ が0より大きくなるに連れて，回転角速度が遅くなり固有周期が長くなることを意味する．第1章でポテンシャルエネルギーと運動エネルギーの変換が振動周期であると述べたが，粘性の増加＝ζ の増大によってその変換が妨げられ，変換に必要な時間が長くなるという解釈もできよう．

(2) 減衰振動に対するプリシェイピング法

さて，ここでようやく減衰振動に対するプリシェイピングの適用法について述べよう．

(3-9)式から，以下の2つがわかる．

①振動の半周期時間 ΔT [s] は，角速度 $\omega \times \Delta T = \pi$ [rad] となる時間であるから，

$$\Delta T = \frac{\pi}{\omega_n\sqrt{1-\zeta^2}}\ [\text{s}] \tag{3-10}$$

②半周期の間に，変化する振幅は，

$$e^{-\zeta\omega_n \Delta T} = e^{-\frac{\zeta\pi}{\sqrt{1-\zeta^2}}} \tag{3-11}$$

したがって，振動の減衰も含めたプリシェイピング法の原理は，**図3-6** のように表され，時刻 $\Delta T = \dfrac{\pi}{\omega_n\sqrt{1-\zeta^2}}$ [s] 後に大きさ $K = e^{-\frac{\zeta\pi}{\sqrt{1-\zeta^2}}}$ 倍のインパルスを足し合わせることによって，振動制御は完成する．ただし，このままでは元の指令より $1+K$ 倍の面積を持つため，到達速度を合わせるためには $1/(1+K)$ 倍の補正を行わなければならない．これらの過程をまとめたアルゴリズムを，**図3-7** に

示す.手順通りに指令値を合成するだけなので極めて簡単である.

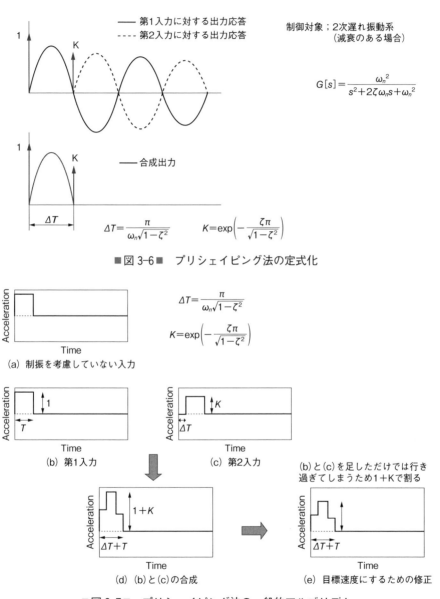

■図 3-6■ プリシェイピング法の定式化

■図 3-7■ プリシェイピング法の一般的アルゴリズム

3-3　プリシェイピング法による防振の効果

本節では，プリシェイピング法がどの程度の振動抑制効果を持っているかを，シミュレーションにより確認していこう．

本節で用いるシミュレーションブロックを図3-8に示す．まず，元の信号を加速波形として，それを積分して速度プロファイル（速度波形）を得，さらにそれを積分してモータ位置 $x(t)$ とする．それを伝達関数 $\dfrac{\omega_n^2}{s^2+2\zeta\omega_n s+\omega_n^2}$ の機構に与えた時の先端位置 $y(t)$ の減速終了後の振幅 [m] を評価値とする．元の加速波形としては，①プリシェイピング法を施したステップ加速，②プリシェイピング法を施さないステップ加速，③プリシェイピング法を施したサイン波加速，④プリシェイピング法を施さないサイン波加速の4種類を考える．

②はいわゆる台形速度，④はS字カーブと呼ばれる速度プロファイルを作り出す．加速終了時の速度はいずれの条件も 1 [m/s] に揃え，加速時間は①，②の場合ほぼ 0.1 [s] に，③，④の場合ほぼ 0.063 [s] に揃えた．振動機構は $\omega_n=100$ [rad/s]，$\zeta=0.05$ を想定しているので，固有周期の半周期 ΔT は 0.0315

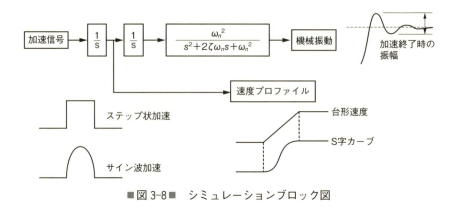

■図3-8■　シミュレーションブロック図

3-3 プリシェイピング法による防振の効果

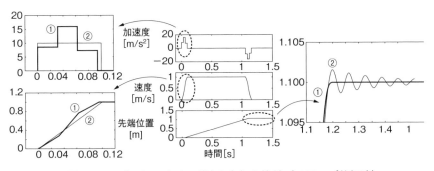

■図 3-9■ プリシェイピング法の有無の比較（ステップ状加速）

■表 3-1■ プリシェイピング法の適用・不適用による行き過ぎ量の比較

行き過ぎ量	加速時間（境界条件速度 1 m/s）	
	0.0628 s にプリシェイピングを施してトータル 0.0943 s の加速時間	プリシェイピングなしで 0.100 s
ステップ加速	① 0.00 mm	② 2.8 mm
	0.0315 s にプリシェイピングを施してトータル 0.0630 s の加速時間	プリシェイピングなしで 0.0628 s
サイン加速	③ 0.02 mm	④ 5.7 mm

[s] となる．加速波形や先端の振動のグラフを**図 3-9** に，結果の一覧を**表 3-1** に示す．

図 3-9 において，①の加速波形は，0.0628 [s] のステップ加速に対して 0.0315 [s] 後にもう一段の加速を加え，トータルとして 0.0943[s] の加速時間としており，図 3-7 と同様の加速波形となっている．②はそのまま 0.1 [s] のステップ加速である．**図 3-10** において，③は半周期 0.0315 [s] のサイン波形に対して，0.0315 [s] 後にもう一段の加速を加えているが，その波形は m 字型の不自然な形である．

一方，④は半周期 0.0628 [s] の自然なサイン波形である．それらの結果は…と言えば，表 2-1 から，**プリシェイピング法を施した①と③の場合はステップ加速・サイン加速とも残留振動がほぼ 0 [mm]** となっているのに対し，**プリシェイピング法を施さない場合は数 mm オーダーの大きな残留振動が観測されるこ**

第3章 プリシェイピング法による振動抑制

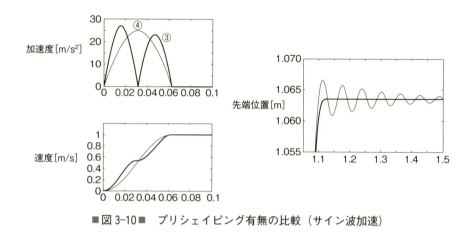

■図3-10■ プリシェイピング有無の比較（サイン波加速）

とが確認できる．先に述べたように，④は，いわゆるS字カーブの速度プロファイルで，世の中で「振動を抑える良い波形」と言われているが，事実は全くの逆で，場合によっては，振動を励起させるはなはだ不適切な加速波形であることが確認できる．

以上のシミュレーション結果より，プリシェイピング法を施すことにより，どのような波形となっても防振効果を持ち，残留振動を抑制できることが明らかとなった．

3-4 反共振の特性はなぜ生まれる？

では，なぜプリシェイピング法が振動を抑制するのだろうか．それは第一章で述べたように，機械共振角周波数 ω_n [rad/s] に対して反共振の特性を有しているためである．では，なぜ信号を固有周期の半周期分遅らせて足し合わせると，そのような特性を持つのだろうか．まずは「時間を遅らせること」そのものが持つ周波数特性を理解するところから説明しよう．

図 3-11 の細線の信号を $f(t)$ とすると，その信号が ΔT [s] だけ遅れた太線の信号は $f(t-\Delta T)$ で表すことができる．よく $f(t-\Delta T)$ か $f(t+\Delta T)$ かを間違いやすいのだが，例えば時刻 t_1 のときの元の信号の値 $f(t_1)$ と同じ値になるのは，$f(t-\Delta T)$ に時刻 $t=t_1+\Delta T$ を代入して $f(t-\Delta T)|_{t=t_1+\Delta T}=f(t_1)$ となることから理解できるだろう．この時，元の信号 $f(t_1)$ をある角速度 ω [rad/s] で時刻 0 [s] まで時間逆転させた値は，第 1 章から $f(t_1)e^{-j\omega t_1}$ であると求められる．同様に，ΔT [s] 遅れの信号をやはり角速度 ω [rad/s] で時刻 0 [s] まで時間逆転させると，ΔT 分余計に時間を逆転させるので，図 3-11 より $f(t_1)e^{-j\omega t_1}e^{-j\omega \Delta T}$ となることがわかる．すなわち，元々の信号に，

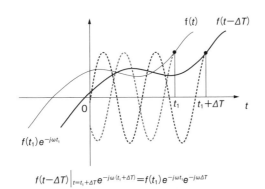

■図 3-11■ 遅れ時間の周波数伝達関数への影響

第3章 プリシェイピング法による振動抑制

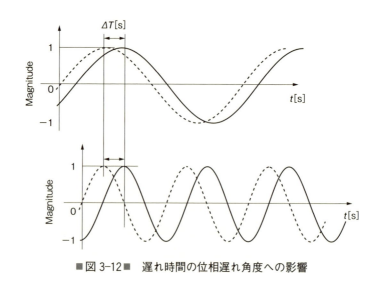

■図 3-12■ 遅れ時間の位相遅れ角度への影響

$$D(j\omega) = e^{-j\omega \Delta T} \tag{3-12}$$

を追加でかけ合わせた関数となる．この $D(j\omega)$ が ΔT [s] だけ時間を遅らせることの周波数伝達関数である．この式が意味するところは，信号の ΔT [s] の時間遅れによって，位相が $\omega \Delta T$ [rad] だけ遅れる，と言うものである．ω が小さければその位相遅れ角度も小さいが，ω に比例して位相遅れ角度は大きくなるという状況は，**図 3-12** を見ても理解できるだろう．図 3-12 の場合，同じ時間遅れ信号でも角周波数が小さければ，上図では 45 [deg] = $\pi/4$ [rad] 程度の位相遅れだが，下図では 90 [deg] = $\pi/2$ [rad] に達する．

さて，機械系の伝達関数を，機械共振角周波数 ω_n [rad/s] を持つ $G(s) = \dfrac{\omega_n^2}{s^2 + \omega_n^2}$ とすると（簡単のため $\zeta = 0$ とした），半周期分の遅れは信号を $\dfrac{\pi}{\omega_n}$ [s] 遅延させることを意味するから，プリシェイピング法のブロック線図は (3-12) 式に $\Delta T = \dfrac{\pi}{\omega_n}$ を代入して**図 3-13**(a)のようになる．このとき，プリシェイピング法の周波数伝達関数は (3-13) 式となって，その周波数特性は図 3-13(b) の様にい

3-4 反共振の特性はなぜ生まれる？

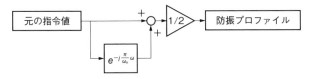

(a) 遅延を含んだ制御ブロック

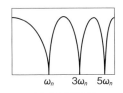

(b) 周波数特性

■図2-13■ プリシェイピング法による反共振特性

くつかの落ち込みが生成される．例えば，(3-13)式に $\omega=\omega_n$ を代入すると $H(j\omega)=\frac{1}{2}(1+e^{-j\pi})=\frac{1}{2}(1-1)=0$ となり，周波数伝達関数が0になることが計算できる．結局 $H(j\omega)=0$ となる ω は $\omega=\omega_n, 3\omega_n, 5\omega_n\ldots$ と無数にあり，それらの角周波数において反共振の特性を持ち，共振を打ち消す作用があることが確認できる．

$$H(j\omega)=\frac{1}{2}\left(1+e^{-j\frac{\pi}{\omega_n}\omega}\right) \tag{3-13}$$

念のため，プリシェイピング法による周波数伝達関数と機械の周波数伝達関数を掛け合わせると，

$$G(j\omega)H(j\omega)=\frac{1}{2}\frac{\omega_n^2\left(1+e^{-j\frac{\pi}{\omega_n}\omega}\right)}{s^2+\omega_n^2} \tag{3-14}$$

を得，この時の $G(j\omega)H(j\omega)$ の大きさのグラフを図3-14に示す．図において $\omega=1\times\omega_n$ [rad/s] の時に元々の機械共振があるはずであるが，見事にプリシェイピング法との打消しの効果で共振が消えていることがわかる．なお，この時の $|G(j\omega_n)H(j\omega_n)|$ の値はロピタルの定理より求まり，$\pi/4$ である．

第3章 プリシェイピング法による振動抑制

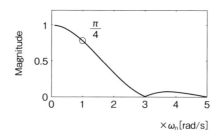

■図3-14■　プリシェイピング法と機械共振を合成した周波数特性

3-5　ノッチフィルタとの比較

　従来から様々なところで使用されている防振プロファイルの作成方法が，ノッチフィルタを用いる方法である．これは元の指令をノッチフィルタに通し，出力されたものを新しい指令値，すなわち防振プロファイルとするものである．

　比較的良く使われる方法であるが，**1) 波形が大きく乱れるために予期しない振動を励起する場合がある**，**2) 波形の時間積分値が入出力間で異なるため，イクスポーネンシャル関数に基づいた速度・距離補正を行う必要がある**，**3) 位置決め時間が延びてしまう**の3点の理由によって，フィードフォワードによる防振制御としては本書ではあまりお勧めしない．その理由を細かく説明していこう．

　ノッチフィルタの伝達関数は，

$$H(s) = \frac{s^2 + 2q_1\omega_n s + \omega_n^2}{s^2 + 2q_2\omega_n s + \omega_n^2}$$

で表される．ここで通常 q_1 はおおよそ 0，q_2 はおおよそ 1 に設定される．ノッチフィルタの周波数特性とそのステップ応答の一例を**図3-15**に示す．反共振（くぼみ）の角周波数は ω_n で決定され，くぼみの深さや広がりは，パラメータ q_1,

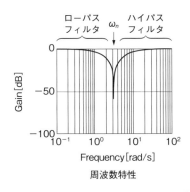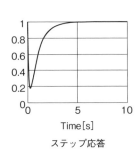

■図 3-15 ■　ノッチフィルタの周波数特性とステップ応答

第3章 プリシェイピング法による振動抑制

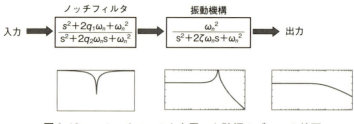

■図 3-16■ ノッチフィルタを用いた防振のブロック線図

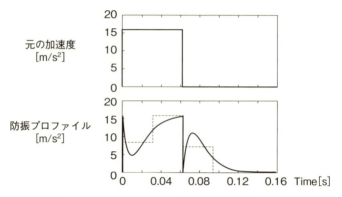

■図 3-17■ ノッチフィルタ通過後の防振プロファイル

q_2 で調整することができる．ノッチフィルタを用いた防振のブロック線図は**図3-16**で示され，数学的には $q_1=\zeta$ と設定することでノッチフィルタの分子と振動機構の分母がキャンセルされて機械先端には振動現象が表れないことが説明できる．

確かに周波数特性としてはその通りであるが，時間信号としてはどのような防振プロファイルになるのだろうか．**図 3-17** に元の加速度波形と，ノッチフィルタを経由後の加速度波形を示す．また，プリシェイピング法による加速波形も重ねて示す（点線）．振動機構としては図 3-8 と同様，$\omega_n=100$ [rad/s]，$\zeta=0.05$ とし，プリシェイピング法による波形は図 3-9 の①のものである．ノッチフィルタの条件は，$q_1=0.05$，$q_2=1.0$ とした．図 3-17 から明らかなように，ステップ入力に対するノッチフィルタの出力，すなわち振動機構への加速度は大きく波打

ち，加速時間も大幅に伸びてしまうことがわかる．その波形は一度立ち上がった後速やかに落ち込み，その後加速度が戻ったかと思うと，元の波形の加速終了時刻には一旦 0 にまで落ち込み，さらに加速度を盛り返して以降，緩やかに収束に向かう．このような立ち上がり・立ち下がりが頻繁に起きる波形は，伝達関数としてモデル化されていないメカの高次の振動モードを励起し，思いもよらぬ新たな振動を生む危険性が極めて高い．その上プリシェイプ法が 0.943 [s] で加速を終了させるのに対し，30 % 以上も加速時間が長くなっている．せっかく高速な位置決めのためにフィードフォワード制御を用いるのに，その恩恵が得られていない．

やっかいな点はもう一つあって，ノッチフィルタの出力の全面積は元の入力の全面積とは異なるために，加速度の積分値たる到達速度は，当初設計意図とは異なった速度になってしまう．プリシェイプ法はこの面積の違いをあらかじめ $1/(K+1)$ 倍することによって補正できるが，ノッチフィルタの波形はイクスポーネンシャル曲線を描くために補正係数の計算が極めて難しい．以上のことから，ノッチフィルタは確かに振動を抑制する効果は有しているが，プリシェイピング法と比べて明らかなメリットがない防振方法と考えられる．

なお，ノッチフィルタのステップ応答がこのように歪む理由は図 3-15 から次のように説明できる．ノッチフィルタの周波数特性はノッチの部分（角周波数 ω_n）を境に，低周波領域のローパスフィルタに相当する領域と，高周波領域のハイパスフィルタに相当する領域が足し合わされた構成になっている．図 3-15 のステップ入力に対する最初のインパルス状の出力は，ステップ入力に対するハイパスフィルタの応答が支配的な部分である．その信号が収束した後，後からステップ入力に対するローパスフィルタの信号が立ち上がってきて，足し合わされる．したがって，どうしても 2 段構えの応答になってしまい，出入りの多い信号となってしまう．

3-6 共振周波数が2つ以上あるときの対応

これまでは共振周波数が一つのみの場合を取り扱ってきたが，振動機構によっては複数の共振周波数を持つ場合がある．そのような場合でもプリシェイピング法が有効であることが証明されている[3,4]．本書では2つの共振周波数がある場合を示そう．

共振角周波数 ω_1 [rad/s] と ω_2 [rad/s] の2つの共振があった場合，それぞれ半周期分の時間遅れ $T_1 = \dfrac{\pi}{\omega_1}$ [s], $T_2 = \dfrac{\pi}{\omega_2}$ [s] を求め，**図 3-18** のように T_1 [s] 後のパルスをまず構成した後（第1セット），T_2 [s] 後にもう1セット（第2セット）を構成し，計4つのパルスを $T_1 + T_2$ [s] 間に渡って加えることで2つの共振を抑えることができる．これは同一セットの中で ω_1 [rad/s] の角周波数のエネルギーを除去しつつ，セット間で ω_2 [rad/s] の角周波数のエネルギーを除去しているためである．この方法は第5章において実際の産業機器に応用されている．もし，第3の角周波数のエネルギーを除去したければさらにもう1セット遅延を増やしてやればよい．その場合，セット数の増加に対応して，トータルで

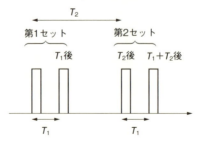

■図 3-18■　複数の共振があった場合のプリシェイピング法

$T_1+T_2+....+T_n$ [s] 以上の時間が必要になることと,パルスを重ねるにつれて増加する面積を補正することを忘れてはいけない.

第3章　プリシェイピング法による振動抑制

3-7　プリシェイピング法のケーススタディ

　以上，本章ではプリシェイピング法の原理や有効性を明らかにしてきたが，振動波形の取得からプリシェイピング法実施までの一連の流れをケーススタディとして取り上げよう．

(a)　共振角周波数の計測
(b)　単一共振に対するプリシェイピング法
(c)　フーリエ変換とその注意点
(d)　複数共振に対するプリシェイピング法

(a)　共振角周波数の計測

　問題となる振動を同定するために，ハンマーで機構を軽く叩いて**図 3-19** のような振動が観測されたとしよう．1周期ごとの波形は乱れているが，マクロで捉えると4秒間に11回波形が底を打っていることから，11/4＝2.75 [Hz]＝17.27 [rad/s] の振動角周波数であると推定される．また，波形の減衰がほとんど観測されないことからほぼ $\zeta=0$ と推察できる．

(b)　単一共振に対するプリシェイピング法

　半周期時間は $\Delta T = \dfrac{\pi}{17.27} = 0.182$ [s] であることから，元の加速度を 0.182 [s]

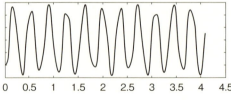

■図 3-19■　ハンマーによる加振で観測された波形

遅らせた波形を重ねて 2 で割り，**図 3-20**(a)左の波形を構成する．なお，元の波形の加速度は 16 [m/s^2]，加速時間は 62.5 [ms] のステップ加速であったとする．

(c) フーリエ変換とその注意点

図 3-20(a)左の波形を用いて位置決めを行うと，一見振動が収まったように見えたが（図 3-20(a)中），細かく観測すると，実際には図 3-20(a)右のようにまだ振動が抑え切れていなかったことが分かった．この残留振動は 0.3 [s] 間に 2 周期ほどであった．さらに，対象の振動機構を詳しく調査すると，**図 3-21** のように 2 重の振動系となっていることが判明した．目視では，図 3-19 の波形からもう一つの振動成分を読み取れないので，フーリエ変換によって判断することとした．

元の波形を 1 [ms] サンプリング・2048 点（2.048 [s]）で FFT を施すと，**図 3-22**(a) の結果を得た．7 番目の周波数がピークであるので，7/2.048＝3.42

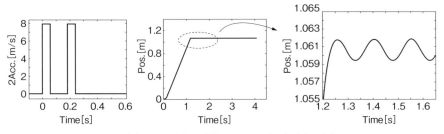

(a) 一つの共振周波数とみなした時の加速度と応答

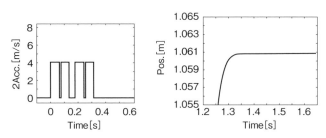

(b) 二つの共振周波数とみなした時の加速度と応答

■図 3-20■ 各振動対策における加速度と先端振動

第3章 プリシェイピング法による振動抑制

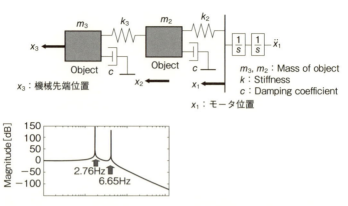

■図 3-21■ ケーススタディで用いた 2 重振動系の構成図と伝達関数

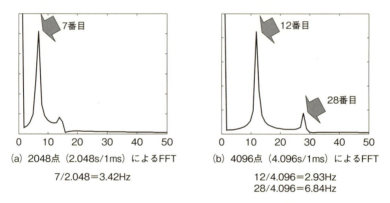

■図 3-22■ FFT の解析結果と使用上の注意

[Hz] が共振周波数であるとの結果を得たが，これは先の推測結果の 2.75 [Hz] とは大きく異なる．しかも 2 つの共振成分があるはずであるが，顕著な振動成分は一つしか見受けられない．これは一体どういうことか？？...

実は，FFT の分解能が不足していたことが原因である．2.048 [s] の信号を用いて FFT を施すと，周波数分解能は 1/2.048＝0.49 [Hz] に留まる．2.75 [Hz] のうち 0.49 [Hz] もずれて共振周波数を同定したのでは，効果的なプリシェイピングは望むべくもない．**FFT を用いて共振周波数を同定する場合は，常に周**

3-7 プリシェイピング法のケーススタディ

波数分解能を考慮しないと結果を誤ることになる．

そこで，サンプリング点数を 1 [ms]・4096 点（4.096 [s]）として（周波数分解能 1/4.096＝0.24 [Hz]），改めて FFT をかけると図 3-22(b) の結果を得た．今度は 2 つの共振ピークとして 12 番目と 28 番目を観測し，それぞれ 12/4.096＝2.93 [Hz]，28/4.096＝6.84 [Hz]）を得た．実は図 3-19 の波形は，図 3-21 上図の機構として 2.76 [Hz]，6.65 [Hz] の共振がある伝達関数のモデルを立て（図 3-21 下図），そのインパルス応答を記載したものである．図 3-22(b) の結果は，元の値に比して完全なものではないが，現実的にはこの程度の精度に収めていれば上々ではないだろうか．

(d) 複数共振に対するプリシェイピング法

複数の共振が明らかになったので，2.75 [Hz]，6.84 [Hz] の半周期分として，それぞれ $T_2=0.182$ [s] と $T_1=0.073$ [s] を設定し，図 3-20(b) 左のような加速波形を設定した．これで位置決めを行ったところ，図 3-20(b) 右のように残留振動を完全に抑え込むことに成功した．もちろん，(a) の段階で十分な振動制御が完成したと判断した場合は (b) を実施する必要はないだろう．

第3章　プリシェイピング法による振動抑制

3-8　プリシェイピング法の欠点は

　プリシェイピング法の欠点は，そもそも半周期遅らせる種となる元の指令をどうやって与えるか，ということと，加減速混在波形が扱いにくい，という点にある．例えば，元の指令に加速（＋）と減速（－）のような正負の値が混在していた場合，時間遅れで和をとる際に信号がキャンセルし合い，思ったように停止しない状況が起こり得る．また，原理上，半周期以下の時間で防振プロファイルを生成することが不可能であるので，固有周期が遅い機械系に対しては，指令値が格段に遅れてしまう．

　さらに，ケーススタディで見たようなガタガタの波形では，思いもよらぬ別の振動を生み出す恐れがある．もちろん，これらの問題を解決する方法は既に提案されており，第4章で時間多項式による防振プロファイルの生成法，2次計画法による防振プロファイルの生成法について解説しよう．

> **Column ⑤**
>
> **表社会 $\sin \omega t$ と裏社会 $e^{j\omega t}$**
>
> 　Column ④では i のべき乗を使って x–y 平面上での回転が表現できると書いた．i^2 なら180°，i^1 なら90°，$i^{0.5}$ なら45°と言った具合である．θ [rad] の回転は $i^{\frac{2}{\pi}\theta}$ である．ところが，実際に複素平面で回転角度を表すものとしては $e^{j\theta}$ が用いられる．なぜだろう？　これは微分のしやすさにも関係がある．時間と共に角度が変化する現象を考えよう．
>
> 　例として 1 [rad/s] の回転を考える．時間と共に 1 [rad/s] で回転する現象 z は，$z = i^{\frac{2}{\pi}t}$ で表される．$t = \pi/2$ [s] の時に，ちょうど i^1，すなわち 90°回転する計算である．では，この微分，すなわち回転速度はどう表されるだろうか？　通常の実数係数 a において a^x の微分は $(\log a)a^x$ であるから，

3−8 プリシェイピング法の欠点は

a の部分が i に変化しただけのものとして考えると，$dz/dt=2/\pi(\log i)i^{\frac{2}{\pi}t}$ と表される．あれ，$\log i$ って何？ さらに回転角加速度はというと，もう一回微分して $z''=(2/\pi\log i)^2 i^{\frac{2}{\pi}t}$ となる．微分の度に複雑さが増しているではないか．これは少し手ごわい．$\log i$ なんてものを持ち出さずに，虚数を使っても簡単に表すことはできないだろうか？

そこで登場するのがお馴染みの $e^{j\theta}$ である．この関数形式では慣例に従って虚数として j を用いる．i では電流と勘違いするかららしい．オイラーの公式より $re^{j\theta}=r(\cos\theta+j\sin\theta)$ と表せるから，$e^{j\theta}$ は $i^{\frac{2}{\pi}\theta}$ と同一で，θ [rad] の回転を表す式である（図⑤-1）．また，例えば $(\sqrt{3},1j)$ の点は $(\sqrt{3},1j)=2(\cos\pi/6+j\sin\pi/6)=2e^{j\pi/6}$，すなわち半径 2，角度 $\pi/6$ [rad] の点である．ここで θ が時間 t [s] と共に角速度 ω [rad/s] で増加していく時変の回転角度であると考えると $\theta=\omega t$ であるから，$z=e^{j\omega t}$ となる．この 1 回微分，2 回微分は j を通常の実数係数と同様に扱うと，時間微分ごとに $j\omega$ が前に出て $z'=j\omega e^{j\omega t}$，$z''=(j\omega)^2 e^{j\omega t}=-\omega^2 e^{j\omega t}$ となる．

さて，信号処理理論の根本原理は，**全ての周期信号は sin 波，cos 波の組み合わせで表現できる**で，いわゆるフーリエ級数がそれを体現する．これを虚数を使って拡張すると，**全ての周期信号はグルグルと回転している $e^{j\omega t}$ の波形の組み合わせで表現できる**となる．ここで ω は ω [rad/s] の回転速度を表し，t は時間 [s] で，ωt は時刻 t における回転角度を表す．$\omega=1$ ならば，

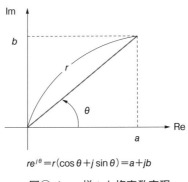

$re^{j\theta}=r(\cos\theta+j\sin\theta)=a+jb$

■図⑤-1■ 様々な複素数表現

1［rad/s］の回転，すなわち1回転＝360［deg］＝2π［rad］に2π［s］を有する回転である．ω＝π/2ならば1回転に4［s］かかる計算である．この回転はx-y2次元平面上での回転であるので，時間と共に時計の針が回転するイメージで良いが，回転方向は時計とは反対に左回転が正であることに注意されたい．

　ここで，**裏社会**と**表社会**というなにやら怪しげな言葉を用いよう．現実の世界でしっかりと見えている現象を表社会，存在はしているがこの目でははっきりと見えない奥に潜んだ現象を裏社会と定義する．バネの振動のような正弦波の現象は，この目でしっかりと見えているので表社会である．これを裏社会の概念を使うと，「本当は$e^{j\omega t}$で時間と共にグルグル回転しているのだが，見えているのは図⑤-2左図の縦軸成分のみである」と解釈する．このリアルに見えている軸がまさに実軸（Re軸）であり，見えていない軸が虚軸（Im軸）である．裏社会では一方向にグルグル回っているのだが，表面上見えているのは行きつ戻りつする運動である，というイメージだ．人間社会もそうだが，裏社会の方がことの本質をすっきり示していることもあるだろう．**我々は$e^{j\omega t}$の回転現象の一部を観測している**．裏社会を受け入れることが技術者のカギだと私は考えている．

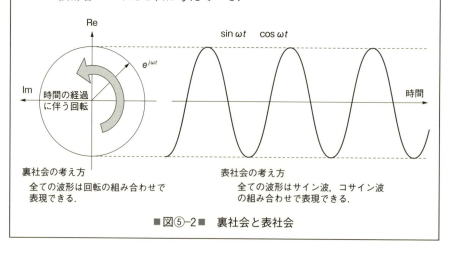

■図⑤-2■　裏社会と表社会

文献一覧

[1]　Singer.N.C.and Seering.W.P.;Preshaping Command Inputs to Reduce System Vibration,Trans.ASME,J.Dyn.Syst.Meas.Control,112-1, pp.76-81, 1990

[2]　G.H.Tallman and O.J.M.Smith, "Analog study of dead-beat posicast control", Vol.45, pp.14-21, 1958

[3]　T.Singh, G.R.Heppler, "Shaped Input Control of a System With Multiple Modes", Journal of Dyn. Syst. Meas. Control, vol.115, pp.341-347, 1993

[4]　W.Singhose, E.Crain, W.Seering, "Convolved and simultaneous two-mode input shapers", IEE Proc. Control Theory Appl., vol.144-6, pp.515-520, 1997

[5]　Meckl,Peter H. and Kinceler, Roberto : Robust Motion Control of Flexible Systems using Feed- forward Forcing Functions, IEEE Trans.Control Systems Technology, Vol.2,No.3,pp.245-254（1994）

[6]　Bhat,S.T. and Miu,D.K.: Precise Point-to-Point Positioning Control of Flexible Structure, Trans. ASME, J.Dyn. Syst. Meas. Control, Vol.112, No.4, pp.667-674 （1990）

第4章

デジタルシステムにおけるフィードフォワード制御

第4章 デジタルシステムにおけるフィードフォワード制御

4-1 非線形最適化手法

　世の中で，最も強力な制振フィードフォワード制御はどのような導出アルゴリズムに基づくものであろうか．様々な答えが考えられるだろうが，筆者は**非線形最適化手法**を取り上げたい．この方法は非常に強力で，幅広い範囲の振動制御問題を解決することができる．キーワードは**制約条件，境界条件，最適化**の三つである．例えば，**超えてはならない加速度制限や速度制限がある中で（制約条件），最後に残留振動が生じないという条件（境界条件）を満たしつつ，最も短時間で（最適化）**位置決め可能な防振プロファイルを求めることができる．この方法は万能で有用なツールであるが，それ故に，使いこなすための学習時間が長く必要であったり，扱いに試行錯誤が必要であったりする．したがって設計の効率が悪く，仮にある技術者で成功例を作ったとしても，次の世代になかなか引き継がれない手法でもある．ただ，ひとたび要領を身に付ければ，MATLABなどの演算ツールを用いて，レベルの高い防振プロファイル設計を行うことが可能である．この節では，その一例を示すが，紹介に留めて解説は行わないこととしよう．その理由は後述する．

　非線形最適化手法をクレーンの荷物搬送に適応させた例を**図4-1**に示そう．SのスタートからGのゴール地点まで障害物を回避しながら荷物を運ぶことを目的とし，**1. クレーン台車の速度制約，加速度制約を守る．2. 衝突防止のため障害物周りの禁止領域に荷物を侵入させない．3. ゴールの到着時点で荷振れは生じさせない．**という条件の元で，最も短時間で搬送できる防振プロファイルを設計した例である．左図の四角部分が障害物で，その周りの床が灰色に塗られている部分が荷物の侵入禁止領域である．$q(t)$がクレーンの台車の軌道，$p(t)$が吊るされた荷物の軌道である．$p(t)$が$q(t)$の真下にあるように見えるが，実際は障害物の周りを振れながら移動している．右図においては，上がx，y軸別に荷物軌道をプロットしたもの，下がその時の荷物の振れ角を示したものである．

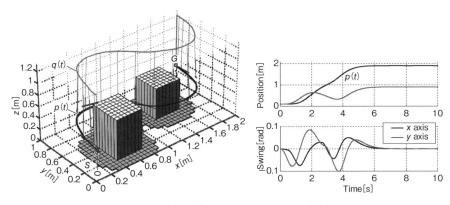

■図4-1■ 非線形最適化手法を用いたクレーンの防振プロファイル

確かに搬送終了時の荷振れは無く，かつ，障害物に接触していない．この時，最速搬送を行うために荷物は禁止エリアの間際を通過している．この手法の設計方法の詳細は，本が一冊かけるほどの分量になるので差し控えるが，「もう少し勉強したい」という人は参考文献[1, 2]を参考にされると良いだろう．

筆者の経験上，難しすぎる制御設計は次世代に引き継がれることなく，ある特定の技術者だけの自己満足となって終わる可能性が高い．次世代の技術者から見ると，難解な設計はメンテナンスができないため，困った宿題・重荷になるとも言えよう．では技術が引き継がれないために製品の質が落ちていくかと言うと，必ずしもそうでもない．例えば，ある製品で超難解なナントカ制御を用いて位置決め性能を向上させたとしよう．しかし，次世代の技術者はナントカ制御を引きつがなくても同程度か，あるいは，それ以上の性能を実現できることが多い．なぜなら，より感度のいいセンサが開発されたり，より強力な磁石が開発されたり，より軽量で強度の高い材料が低コストで手に入るようになるなど，制御以外の技術が発展するからである．機械製品の開発はソフト，回路設計，機械設計，製造やサービス部門も含めた総合プロジェクトであるから，どこか一箇所だけが飛びぬけたところで，結局はその場限りで終わってしまう．継続的な技術の発展には，**誰もが使える**ことも重要なポイントである．

本書の書名は「良くわかる」制振設計であるから，難解なことは別の機会に譲ろう．

第4章 デジタルシステムにおけるフィードフォワード制御

4-2 時間多項式によるフィードフォワード制御

　デジタルシステムのフィードフォワード制御を説明する前に，アナログ的な時間多項式法による防振プロファイルの作成法を解説しよう．これは「プリシェイピングより汎用に！　非線形最適化より簡単に！」をキャッチフレーズに，著者が最も力を入れた防振プロファイル作成法のひとつである．「元の波形をどうするか？　加減速を混在して扱いにくい」というプリシェイピング法の問題点を克服すると共に，非線形最適化手法の難解さの解消を目指したものである．時間多項式とは，t，t^2，t^3 の様に，t の何とか乗で表される式のことを言う．

　図4-2 のバネ・ダンパ系の等速区間を持つ場合の位置決めを考える．駆動元のモータ（x 座標）を所定の位置と所定の速度 $V_{\max}$ [m/s] に加速しつつも，機械先端位置（y 座標）の残留振動を引き起こさないようなモータの加速度 $u(t)$ を求めたい．ここで，「加速終了時に残留振動が無い」ということは，加速終了時に x と y が同じ速度，同じ位置になっていることを意味する．つまり，モータが加速を終了して等速運動に入った瞬間に，x と y が同じ速度で同じ位置に存在すれば，その後バネは伸縮することなく，x と y はそのまま等速運動を続けること

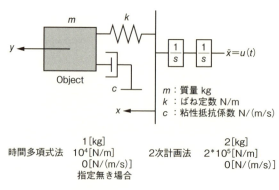

■図4-2■　時間多項式法と2次計画法で用いるモデル

4-2 時間多項式によるフィードフォワード制御

になる.なお,厳密には粘性 $c\,[\mathrm{N/(m/s)}]$ が存在すれば,y はその時の速度 $V_{\max}$ に応じた距離 $\dfrac{c}{k}V_{\max}\,[\mathrm{m}]$ だけ縮んだまま等速運動を続けることに注意したい.以上のことから,「残留振動が無い」という条件は加速終了時刻 $T_{acc}\,[\mathrm{s}]$ において,以下の終端条件(終了時刻に満たすべき境界条件)を満たすことと等価である.なお,加速終了時刻の所定の位置とは,初速 0 から $V_{\max}$ まで加速することから,平均 $0.5V_{\max}\,[\mathrm{m/s}]$ の速度で $T_{acc}\,[\mathrm{s}]$ 進むものとして設定した.

$$\begin{pmatrix} 先端の速度 \\ 先端の位置 \\ 駆動元の速度 \\ 駆動元の位置 \end{pmatrix} = \begin{pmatrix} \dot{y}(T_{acc}) \\ y(T_{acc}) \\ \dot{x}(T_{acc}) \\ x(T_{acc}) \end{pmatrix} = \begin{pmatrix} V_{\max} \\ 0.5V_{\max}T_{acc} - \dfrac{c}{k}V_{\max} \\ V_{\max} \\ 0.5V_{\max}T_{acc} \end{pmatrix} \tag{4-1}$$

一方,初期条件(開始時刻に満たすべき境界条件)としては全てが 0,すなわち,加速開始時刻 $t=0$ に,x も y も原点に停止しているものとする.

$$\begin{pmatrix} \dot{y}(0) \\ y(0) \\ \dot{x}(0) \\ x(0) \end{pmatrix} = \begin{pmatrix} 0 \\ 0 \\ 0 \\ 0 \end{pmatrix} \tag{4-2}$$

また,図 4-2 の運動方程式は(3-1)式と同様,(4-3)式で表せられる.ここで,$k\,[\mathrm{N/m}]$ はバネ定数,$m\,[\mathrm{kg}]$ は質量,$c\,[\mathrm{N/(m/s)}]$ は機械先端にかかる粘性抵抗である.

$$m\ddot{y}(t) + c\dot{y}(t) + ky(t) = kx(t) \tag{4-3}$$

求める加速度 $u(t)$ は,(4-3)式の運動方程式の元で,(4-1),(4-2)式の境界条件を満たす $u(t)$ である.実は,この様な $u(t)$ は無数に存在する.例えば,プリシェイピング法で得られる加速度も時間多項式ではないが,(4-1)-(4-3)式を満たす $u(t)$ の一種である.しかしながら,最小の次数を持った時間多項式はただ一つ,(4-5)の式で表される.本例の場合,最小の t の次数は 5 で,**5次式ならば,たった一つの式だけが残留振動を制御することができる.すなわち,元の加速波**

形云々の議論の必要性は無く，一意に防振プロファイルを決定することができる．
また，t^4 までの式では，決して防振プロファイルを生成することはできない．これに関する厳密な証明や導出法に関しては，参考文献 [4] を参考にされたいが，恒等式の考え方で方法論は理解できるので簡潔に説明しよう．

$$u(t) = a_5 t^5 + a_4 t^4 + a_3 t^3 + a_2 t^2 + a_1 t + a_0 \tag{4-4}$$

$\ddot{x}(t) = u(t)$ を (4-4) 式と考えると，$x(t)$ はその2階積分であるから，

$$x(t) = \frac{1}{42} a_5 t^7 + \frac{1}{30} a_4 t^6 + \frac{1}{20} a_3 t^5 + \frac{1}{12} a_2 t^4 + \frac{1}{6} a_1 t^3 + \frac{1}{2} a_0 t^2 + c_1 t + c_0$$

となる．c_1, c_0 はいわゆる積分定数と呼ばれるもので，この時点における未知数は $a_5 \sim c_0$ の8個である．(4-3) 式には，$x(t)$ と $y(t)$ が含まれていることから，$y(t)$ の次数も $x(t)$ の次数と同じであることが期待でき，

$$y(t) = b_7 t^7 + b_6 t^6 + b_5 t^5 + b_4 t^4 + b_3 t^3 + b_2 t^2 + b_1 t + b_0$$

と表現できる．これで未知数は $b_7 \sim b_0$ が追加されて計16個となった．これらの式を微分して得られる $\dot{x}(t)$ や $\dot{y}(t)$ などを (4-3) 式に代入すると，7次，6次，5次...0次と，各次数の係数ごとに計8つの恒等式が導かれる．さらに，(4-1) 式，(4-2) 式の境界条件の数は計8つであるから，関係式の数は合計16，未知数の数も16で，全ての未知数が一意に決められることになる．こうして得られた係数は粘性がないと考えた場合，次の式で表される．ただし，$a_5 = 0$ である．

$$\begin{cases} a_4 = \dfrac{30 V_{\max}}{T_{acc}^{5}} \\[6pt] a_3 = -\dfrac{60 V_{\max}}{T_{acc}^{4}} \\[6pt] a_2 = \dfrac{30(12m + kT_{acc}^{2}) V_{\max}}{kT_{acc}^{5}} \\[6pt] a_1 = -\dfrac{360m V_{\max}}{kT_{acc}^{4}} \\[6pt] a_0 = \dfrac{60m V_{\max}}{kT_{acc}^{3}} \end{cases} \tag{4-5}$$

これをグラフ化したものを**図 4-3** に示す．パラメータは図 4-2 に記載のもので，

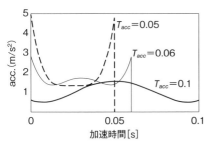
(a) 加速時間による加速波形の形状変化

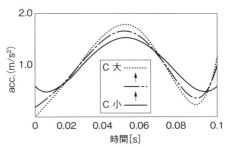
(b) 粘性の影響による加速波形の形状変化

■ 図 4-3 ■　時間多項式法による防振プロファイル

(a)は，粘性が無い場合の加速時間による加速波形の変化を，(b)は粘性による加速波形の変化を示している．図 4-2 の共振角周波数は $\sqrt{\dfrac{k}{m}} = 100$ [rad/s] $= 15.9$ [Hz] であるから，一周期は 0.0628 [s] となる．したがって第 3 章の図 3-3 で述べたように，**防振プロファイルは加速時間が固有周期より短い場合は凹型に，長い場合は凸型となることが確認できる．この形状の変化は防振プロファイルの設計法に依存しない特性である**．一方，図 4-3(b) からは，粘性が強くなればなるほど波形が波打つことが確認できる．

　以上は加速の場合の議論であるが，減速の時も初期条件と終端条件が入れ替わるだけで，同様の議論である．減速の場合の境界条件は，減速開始時を t=0 [s]，停止時刻を $t = t_{dec}$ [s] とすると，

$$\begin{pmatrix} 先端の速度 \\ 先端の位置 \\ 駆動元の速度 \\ 駆動元の位置 \end{pmatrix} = \begin{pmatrix} \dot{y}(0) \\ y(0) \\ \dot{x}(0) \\ x(0) \end{pmatrix} = \begin{pmatrix} V_{\max} \\ -\dfrac{c}{k} V_{\max} \\ V_{\max} \\ 0 \end{pmatrix} \tag{4-6}$$

$$\begin{pmatrix} \dot{y}(t_{dec}) \\ y(t_{dec}) \\ \dot{x}(t_{dec}) \\ x(t_{dec}) \end{pmatrix} = \begin{pmatrix} 0 \\ 0.5 V_{\max} t_{dec} \\ 0 \\ -0.5 V_{\max} t_{dec} \end{pmatrix}$$

第4章 デジタルシステムにおけるフィードフォワード制御

のようになり，これを先に説明した恒等式と境界条件の関係から解くと，減速時の防振プロファイルの式が得られる．実は**加速防振プロファイルの符号を反転させたものが，そのまま減速の防振プロファイルとなる**．すなわち，加速波形さえ記憶しておけば，そのままマイナスを付けて減速をすればよい．

さて，本手法のメリットは加減速が混在した場合も取り扱えるということだったので，その結果について示そう．等速区間を持たない短時間の位置決めでは，終端条件は次の様に変化する．ここで t_{dec} [s] は加減速の終了時刻（停止時刻），X_{pos} [s] は停止時刻における所望の停止位置である．

$$\begin{pmatrix} \dot{y}(t_{dec}) \\ y(t_{dec}) \\ \dot{x}(t_{dec}) \\ x(t_{dec}) \end{pmatrix} = \begin{pmatrix} 0 \\ X_{pos} \\ 0 \\ X_{pos} \end{pmatrix} \tag{4-7}$$

(4-7)式は，加減速終了時に x, y ともに所望の位置に到達・停止することを意味する．こうしておけば，その時点でバネの縮みなどはなく，かつその後の加減速もないので，振動がおもむろに湧き上がってくるようなことはない．境界条件(4-2)，(4-7)式の元で(4-3)式を解くと，$u(t)$ の時間多項式として(4-8)式の解を得る．これが，停止時に残留振動をもたらさない加減速一体型の防振プロファイルである．**図4-4**に，(a)短時間（加速の時間としては振動周期の2/3の時間）の防振プロファイルと，(b)長時間（加速としては振動周期の2倍の時間）のそれを示す．減速を伴うために崩れてはいるが，短時間の時は凹型のプロファイルの特徴を有しており，長時間の時は凸型のプロファイルを示す．

$$\begin{cases} a_5 = -\dfrac{840}{T_{acc}^{\;7}} X_{pos} \\[6pt] a_4 = \dfrac{2100}{T_{acc}^{\;6}} X_{pos} \\[6pt] a_3 = -1680 \dfrac{10m + kT_{acc}^{\;2}}{kT_{acc}^{\;7}} X_{pos} \\[6pt] a_2 = 420 \dfrac{60m + kT_{acc}^{\;2}}{kT_{acc}^{\;6}} X_{pos} \\[6pt] a_1 = -\dfrac{10080m}{kT_{acc}^{\;5}} X_{pos} \\[6pt] a_0 = \dfrac{840m}{kT_{acc}^{\;4}} X_{pos} \end{cases} \qquad (4\text{-}8)$$

第4章　デジタルシステムにおけるフィードフォワード制御

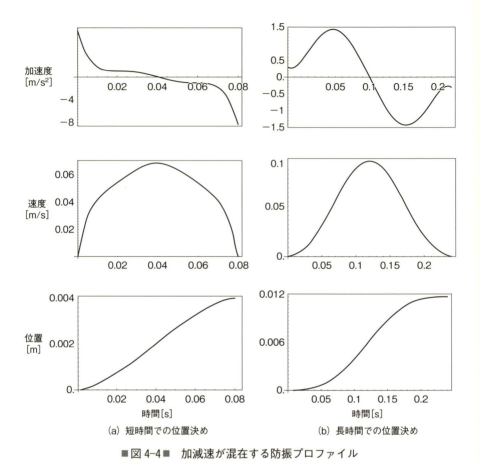

(a) 短時間での位置決め　　(b) 長時間での位置決め

■図 4-4■　加減速が混在する防振プロファイル

4–3　時間多項式による2次元搬送

　さて，これまで一次元の直線運動のみについて解説してきたが，実際の応用現場では2次元平面上の軌道を設計することもある．例えば，障害物を回避しながらのクレーン搬送や，カーブのあるレール上を液体を揺らさずに運ぶ搬送設計などである．時間多項式によるフィードフォワード制御は，それらの問題も上手に取り扱うことができる．

　問題を**図 4-5**のように定めよう．ある共振角周波数 ω_n [rad/s] をもつ液体を満たしたタンクを，手前から右に90度カーブさせながら高速に運びたい．カーブの前後での速度を $V_{\max}$ [m/s] と指定するとき，カーブの途中はどのような速度で運べばよいのだろうか？そもそもレールの曲率・軌道はどのように設計すべきなのだろうか？実はありがちだが，非常に好ましくない軌道は後述の**図 4-7**点線のように等速で円軌道を走行させる方法である．いかにも滑らかでスムーズに見えるが，こと振動に限っては悪手と言ってよい．このタネ証しをしていこう．

　まず，図 4-5 の X 軸方向（横方向）だけの運動を考えると，カーブに差し掛

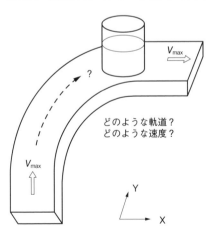

■図 4-5 ■　2次元平面上の液体搬送

かる瞬間の速度は 0 [m/s] である．その後加速をし，カーブを抜ける時刻 T_{acc} [s] での速度は V_{max} [m/s] である．この時の防振プロファイルは(4-5)式そのものである．ただし，(4-5)式はバネと質量のパラメータを用いているから，これを液体の共振角周波数 ω_n [rad/s] を用いたものに書き換える．すなわち，$\omega_n = \sqrt{\dfrac{k}{m}}$ に置き換えると，加速度は，$u_x(t) = a_4 t^4 + a_3 t^3 + a_2 t^2 + a_1 t + a_0$

$$\begin{cases} a_4 = \dfrac{30 V_{max}}{T_{acc}^{5}} \\[2mm] a_3 = -\dfrac{60 V_{max}}{T_{acc}^{4}} \\[2mm] a_2 = \dfrac{30\left(12\dfrac{1}{\omega_n^2} + T_{acc}^2\right) V_{max}}{T_{acc}^{5}} \\[2mm] a_1 = -\dfrac{360 V_{max}}{\omega_n^2 T_{acc}^{4}} \\[2mm] a_0 = \dfrac{60 V_{max}}{\omega_n^2 T_{acc}^{3}} \end{cases} \quad (4\text{-}9)$$

となる．

次に，Y軸方向の運動を考えると，カーブに差し掛かる瞬間の速度は V_{max} [m/s] である．その後減速をし，カーブを抜ける時刻 T_{acc} [s] でのY軸方向速度は 0 である．この時の防振プロファイルは，先に述べた知見を用いると(4-9)式の符号を反転させたものとなる．

各軸の持つべき方程式がわかったので，これを計算した防振プロファイルを**図4-6** に示す．なおパラメータは $V_{max}=1$ [m/s]，$T_{acc}=2$ [s]，$\omega_n=12$ [rad/s] ≒2 [Hz]，である．X軸速度は 0～1 [m/s] に，Y軸速度は 1 [m/s] ～0 に変化していることが確認できる．これらを合成した進行方向の速度プロファイルが(c)合成された搬送速度である．1 [m/s] でカーブに進入するが，その後 0.71 [m/s] に減速し，再び 1 [m/s] に回復する．この時のXY平面上の軌道を表したものが図4-7 で，Y軸方向から侵入し，円軌道とは異なって少し突っ込み気味で

4−3 時間多項式による2次元搬送

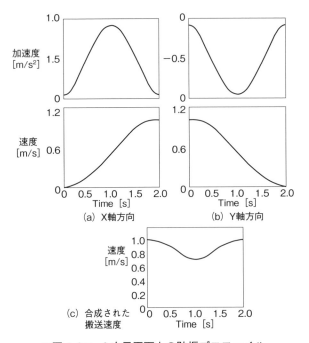

■図4-6■ 2次元平面上の防振プロファイル

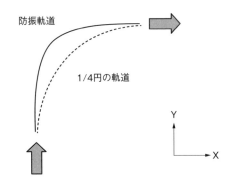

■図4-7■ 振動を抑える搬送軌道と1/4円軌道

第4章 デジタルシステムにおけるフィードフォワード制御

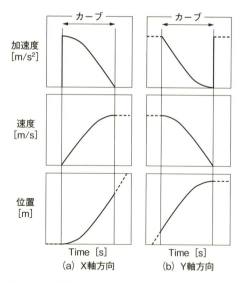

■図4-8■ 振動を抑えるレール軌道と1/4円軌道

カーブを曲がり，X軸方向に抜けていく．これこそが振動を抑える軌道である．

　等速で走る円軌道は悪手と言ったがその理由を図4-8で説明しよう．図の点線がカーブの前後の部分，実線がカーブ上での変化を表す．位置のグラフだけを見ると，X軸方向もY軸方向も滑らかな変化に見えるが，その加速度はどうだろうか．X軸方向の位置がcos状に変化することは速度がsin状に変化することを示し，その加速度はカーブへの侵入の際に突然上昇する．この時点で生じたX軸方向の振動を抑えることはできない．Y軸方向も同様で，カーブへの侵入の際は良いが，カーブを抜ける瞬間に生じる大きな減速度は，このあと持続的な振動を生んで止めることができない．遠心力の考え方で説明すると，円軌道を等速で曲がる際には遠心力が発生するが，直線からカーブに進入した瞬間に遠心力が突然発生し，カーブを抜けて直線運動に変化した瞬間に突然0になる．これが円軌道が悪手と言う根拠である．こうした加速度の激変を生じないように軌道設計をすると，あえてヘアピンカーブのような軌道となる．また，このような複雑な設計になると，プリシェイピング法よりも時間多項式法の方が使いでがあるこ

とがお分かり頂けただろう.

　さて,現実問題として,リアルタイムに高次の時間の演算を行うことは,CPUのパフォーマンスとして難しい場合もあるだろうし,t^4, t^5などの大きなの次数では演算精度も気になる.そこで実装の際は,あらかじめPCなどで計算しておいた防振プロファイルをPLCなどに記憶しておき,必要な時に読み出すようにして,演算精度や演算時間の問題を回避する方法も行われている.

第4章　デジタルシステムにおけるフィードフォワード制御

4-4　状態表現によるモデル化

　プリシェイピング法は極めて単純で振動周期さえ分かれば適用することができるので，防振プロファイルの効果を確認するにはうってつけの方法である．しかしながら半周期遅らせる元の波形をどうするか，加減速が混ざり合った場合どうするか，2次元平面上を移動する例のように滑らかな軌道をどうやって得るか，などの問題が生じてしまう．

　時間多項式法はプリシェイピング法に比べて連続的で，しかも有用な方法ではあるが，残念ながら機械の加速度制約や速度の制限を考慮することができない．したがって，時間多項式の値が機械の制限値を超えていた場合には使用できないという問題点がある．すべての機械にはパワーの制約があり，極限までタクトタイムを短縮しようと思うと，制約ギリギリのところを攻める必要がある．そこでこの課題を克服するのが，これから説明する線形計画法による防振プロファイルの決定方法である．

　本手法の特徴は，非線形最適化のそれと似通っている．すなわち，**超えてはならない加速度制限や加加速度制限がある中で（制約条件），加減速終了時に残留振動が生じないという条件（境界条件）を満たす，「最適な」防振プロファイルを求める**．時間多項式法のところでも述べたが境界条件を満たす防振プロファイルは無数にあり，そこから唯一の解を導き出すために最適化を用いることになる．最適化は唯一解を求めるための手段に過ぎないから，様々なバリエーションが存在する．例えば，ある周波数帯のエネルギーを最小にする方法や，最初に設定したプロファイルとの差分を最小にする方法，あるいは加速度の2乗平均を最小とする方法もある．いずれにおいても境界条件は満たしているから，防振プロファイルであることに変わりはない．本書では，加速度の2乗平均を最小とする方法について説明する．それ以外の方法については，参考文献などを参考にされると良い．

4-4 状態表現によるモデル化

まず，大きな設計の流れであるが，
1. 運動方程式の導出
2. 状態方程式の導出
3. モデルの離散化
4. 境界条件・制約条件の導出
5. 最適性の定式化

と分けられる．1.の運動方程式の導出は，これまでに詳細に解説してあるので，本節では2.の状態方程式の導出について述べていこう．

連続系の状態方程式とは，運動方程式を行列（マトリクス）で，かつ一階微分の形で表現した以下の形式のものである．制御工学を勉強したことのある人なら「現代制御」として学習したことがあるだろう．
$$\dot{x}(t) = A_c x(t) + B_c u(t) \tag{4-10}$$
ここで $x(t)$ が状態，もしくは状態変数と呼ばれるもの，$u(t)$ が入力である．図4-2の運動方程式(4-3)式を状態方程式で書き表すと，次のようになる．

$$\begin{pmatrix} \ddot{y} \\ \dot{y} \\ \ddot{x} \\ \dot{x} \end{pmatrix} = \begin{pmatrix} -\dfrac{c}{m} & -\dfrac{k}{m} & 0 & \dfrac{k}{m} \\ 1 & 0 & 0 & 0 \\ 0 & 0 & 0 & 0 \\ 0 & 0 & 1 & 0 \end{pmatrix} \begin{pmatrix} \dot{y} \\ y \\ \dot{x} \\ x \end{pmatrix} + \begin{pmatrix} 0 \\ 0 \\ 1 \\ 0 \end{pmatrix} u \tag{4-11}$$

急に方程式が二次元平面に！広がって0のオンパレードになったが，この表現に慣れて欲しい．決して(4-3)式が複雑になったわけではない．実は(4-11)式を行列の計算法に基づいてバラして考えると，

$$\begin{cases} \ddot{y} = -\dfrac{c}{m}\dot{y} & -\dfrac{k}{m}y & +\dfrac{k}{m}x \\ \dot{y} = & \dot{y} & \\ \ddot{x} = & & +u \\ \dot{x} = & & +\dot{x} \end{cases}$$

のように展開できる．式に隙間を空けているのは，$\dot{y}$ に関する列，y に関する列，

$\dot{x}$ に関する列，x に関する列，u に関する列をわかりやすくするためである．第一行はまさに運動方程式(4-3)式そのもので，左辺を加速度 $\ddot{y}=\cdots$ の形に書き直しただけである．第二行は単純に $\dot{y}=\dot{y}$ という事実を示したもの，第三行は入力 u がモータの加速度であることを示したもの，そして第四行も $\dot{x}=\dot{x}$ という事実を示したものである．行列の中の多くの部分が 0 であるので，そこは無視して構わない．

(4-10)式と照らし合わせると，

$$x(t)=\begin{pmatrix}\dot{y}\\y\\\dot{x}\\x\end{pmatrix},\ \dot{x}(t)=\begin{pmatrix}\ddot{y}\\\dot{y}\\\ddot{x}\\\dot{x}\end{pmatrix},\ A_c=\begin{pmatrix}-\dfrac{c}{m}&-\dfrac{k}{m}&0&\dfrac{k}{m}\\1&0&0&0\\0&0&0&0\\0&0&1&0\end{pmatrix},\ B_c=\begin{pmatrix}0\\0\\1\\0\end{pmatrix}$$

と表現できる．ここで第 1 式が状態変数と呼ばれるもので，今回の例では，機械先端の速度 $\dot{y}$，機械先端の位置 y，駆動元の速度 $\dot{x}$，駆動元の位置 x から構成される．誤解を招きやすいのは，第 1 式の左辺の $x(t)$（状態変数）というのが，右辺の 4 つの変数（$\dot{y}$, y, $\dot{x}$, x）をまとめて一つのベクトルとして表した変数であって，決して駆動元の位置を表す変数 x ではない，ということである．慣習的に状態変数は $x(t)$ と書く記法が一般的であるので，本書でもそのようにしている．また，第 2 式の $\dot{x}(t)$ は，状態変数の個々の要素を微分したものである．

場合によっては，伝達関数が分かっており，そこから状態方程式を求めなければならないこともある．その場合は，ラプラス演算子 s を微分とし，微分方程式に改めた上で以下のように式変形していけば良い．

$$Y(s)=\frac{k}{ms^2+cs+k}X(s)=\frac{\omega_n^2}{s^2+2\zeta\omega_n s+\omega_n^2}X(s),\ X(s)=\frac{1}{s^2}U(s)$$

ここで，ω_n は固有角周波数，ζ は減衰係数である．ここから

$$s^2Y(s)+2\zeta\omega_n sY(s)+\omega_n^2 Y(s)=\omega_n^2 X(s),\ s^2 X(s)=U(s)$$

を得，微分方程式は，

4-4 状態表現によるモデル化

$$\begin{cases} \ddot{y}+2\zeta\omega_n\dot{y}+\omega_n^2 y = \omega_n^2 x \\ \ddot{x} = u \end{cases} \tag{4-12}$$

となり，これを状態方程式に書き換えると以下を得る．

$$\begin{cases} \ddot{y} = -2\zeta\omega_n\dot{y}-\omega_n^2 y \quad +\omega_n^2 x \\ \dot{y} = \quad \dot{y} \\ \ddot{x} = \quad +u \\ \dot{x} = \quad +\dot{x} \end{cases}$$

$$\begin{pmatrix} \ddot{y} \\ \dot{y} \\ \ddot{x} \\ \dot{x} \end{pmatrix} = \begin{pmatrix} -2\zeta\omega_n & -\omega_n^2 & 0 & \omega_n^2 \\ 1 & 0 & 0 & 0 \\ 0 & 0 & 0 & 0 \\ 0 & 0 & 1 & 0 \end{pmatrix} \begin{pmatrix} \dot{y} \\ y \\ \dot{x} \\ x \end{pmatrix} + \begin{pmatrix} 0 \\ 0 \\ 1 \\ 0 \end{pmatrix} u \tag{4-13}$$

第4章 デジタルシステムにおけるフィードフォワード制御

4-5 モデルの離散化

　(4-12, 4-13)式は微分と言う連続的な時間の概念で構成された式であり，これで求められるものはアナログ的に連続的な加速度になる．しかし実際には，コントローラはサンプリングという，ある決められた間隔ごとに演算を行うので，各サンプリング毎の加速度を求めなければならない．このために必要な作業が離散化である．

　連続系の状態方程式 $\dot{x}(t) = A_c x(t) + B_c u(t)$ に対して，(4-14)式の公式を用いて離散化を行うと離散系の状態方程式は次のように表される．

$$z(k+1) = Pz(k) + Qu(k)$$

$$P = e^{A_c T}, \quad Q = \int_0^T e^{A_c \tau} d\tau B \tag{4-14}$$

$$z(k+1) = \begin{pmatrix} \dot{y}(k+1) \\ y(k+1) \\ \dot{x}(k+1) \\ x(k+1) \end{pmatrix}, \quad z(k) = \begin{pmatrix} \dot{y}(k) \\ y(k) \\ \dot{x}(k) \\ x(k) \end{pmatrix}$$

　$P = e^{A_c T}$ や $Q = \int_0^T e^{A_c \tau} d\tau B$ の意味や導出に関しては，デジタル信号処理やデジタル制御などの成書[6]などを参考にして頂きたい．(4-14)式が意味するところは，$z(k+1)$，すなわちサンプリング $k+1$ 番目の時の機械先端の離散化された速度 $\dot{y}(k+1)$・位置 $y(k+1)$ や駆動元速度 $\dot{x}(k+1)$・位置 $x(k+1)$ は，サンプリング k 番目の離散化された機械先端の速度・位置や駆動元速度・位置である $z(k)$ と，サンプリング k 番目の加速度 $u(k)$ によって決定されるということである．すなわち，あるサンプリングの時の状態や入力に P や Q を掛けて足し合わせることによって，次のサンプリングにおけるシステムの状態が逐次決定できる，ということである．$P = e^{A_c T}$ はラプラス変換や無限級数，あるいは固有値を用いて求め

られるが，もし(4-13)の状態方程式において$\zeta=0$ であれば(4-15)式で表され，$Q=\int_0^T e^{A c \tau} d\tau B$ も(4-16)式で表される．

$$P = \begin{pmatrix} \cos(\omega_n T) & -\omega_n \sin(\omega_n T) & 1-\cos(\omega_n T) & \omega_n \sin(\omega_n T) \\ \dfrac{1}{\omega_n}\sin(\omega_n T) & \cos(\omega_n T) & T-\dfrac{1}{\omega_n}\sin(\omega_n T) & 1-\cos(\omega_n T) \\ 0 & 0 & 1 & 0 \\ 0 & 0 & T & 1 \end{pmatrix} \tag{4-15}$$

$$Q = \begin{pmatrix} T-\dfrac{1}{\omega_n}\sin(\omega_n T) \\ \dfrac{T^2}{2}-\dfrac{1}{\omega_n^2}\{\cos(\omega_n T)-1\} \\ T \\ \dfrac{T^2}{2} \end{pmatrix} \tag{4-16}$$

さて，先に「P や Q については参考文献で」と言ったが，それだけではスッキリしないだろうし，本書の「よくわかる」というポリシーにも反するので，参考書ではあまり語られない切り口から(4-15, 4-16)式に限って定性的な解釈を試みよう．手順としては(4-12)式を簡単化したものから順に複雑にしていく．

まず，(4-12)式を $\zeta=0$ とし，x や u を取り除いた最も簡単な振動の式，(4-17)式を考える．この式が意味するところは角周波数 ω_n [rad/s] での単振動で，イメージとしては図 4-2 で x が原点に固定された壁に相当し，$c=0$，$\omega_n=\sqrt{\dfrac{k}{m}}$ の状況である．

$$\ddot{y} = -\omega_n^2 y \tag{4-17}$$

このとき，連続系の状態方程式は，

$$\begin{pmatrix} \ddot{y} \\ \dot{y} \end{pmatrix} = \begin{pmatrix} 0 & -\omega_n^2 \\ 1 & 0 \end{pmatrix} \begin{pmatrix} \dot{y} \\ y \end{pmatrix} \tag{4-18}$$

として簡潔に表現できる.

(4-17)式の y の解は単振動であるから，原点を中心とした運動と考えると
$$y(t) = r\sin(\omega_n t + \varphi) \tag{4-19}$$
である．(4-19)式が(4-17)式を満たすことは容易に確認できるだろう．では，ある時刻 kT（k はサンプリング k 番目，T はサンプリング時間）から，次の時刻 $(k+1)T = kT + T$ までの間に $y(t)$ はどれだけ変化するのだろう．加法定理を使うと $y(kT+T) = r\sin(\omega_n(kT+T) + \varphi) = r\sin(\omega_n kT + \varphi)\cos(\omega_n T) + r\cos(\omega_n kT + \varphi)\sin(\omega_n T)$ を得る．ここで $\dot{y}(t) = r\omega_n \cos(\omega_n t + \varphi)$ だから $\dfrac{1}{\omega_n}\dot{y}(kT) = r\cos(\omega_n kT + \varphi)$ の関係式を代入して，

$$y((k+1)T) = \cos(\omega_n T)y(kT) + \frac{1}{\omega_n}\sin(\omega_n T)\dot{y}(kT) \tag{4-20}$$

を得．同様な方法を用いると，

$$\dot{y}((k+1)T) = \cos(\omega_n T)\dot{y}(kT) - \omega_n \sin(\omega_n T)y(kT) \tag{4-21}$$

となる．これらを整理すると，

$$\begin{pmatrix} \dot{y}(k+1) \\ y(k+1) \end{pmatrix} = \begin{pmatrix} \cos(\omega_n T) & -\omega_n \sin(\omega_n T) \\ \dfrac{1}{\omega_n}\sin(\omega_n T) & \cos(\omega_n T) \end{pmatrix} \begin{pmatrix} \dot{y}(k) \\ y(k) \end{pmatrix} \tag{4-22}$$

が得られる（$y(kT)$ を離散表現したものが $y(k)$).以上が，連続系の状態方程式(4-18)式では0や1の簡単そうな行列 Ac が，離散系の状態方程式では cos, sin で埋め尽くされるカラクリである．この様子を**図4-9**にイメージとして示す．ぐるぐると回転する運動において，y の値は縦軸方向の値である．第 k サンプリングの時に $y(k)$ が $\omega_n kT + \varphi$ [rad] の角度の位置であったとすると，次のサンプリングでは $\omega_n T$ [rad] 角度が増している．その時の $y(k+1)$ の値は $y(k)$ の角度のサイン，コサインを用いて表現できるが，サインは $y(k)$ 自身，コサインは $\dot{y}(k)$ 自身を表していることになる．

次に，(4-12)式において駆動元の x も考慮すると，運動方程式と連続系の状態方程式は，

4-5 モデルの離散化

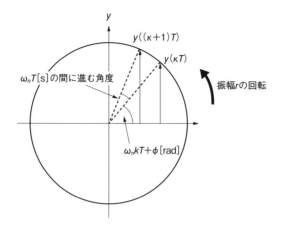

■図 4-9■ 離散化された状態方程式の導出イメージ

$$\ddot{y} = -\omega_n^2 y + \omega_n^2 x \tag{4-23}$$

$$\begin{pmatrix} \ddot{y} \\ \dot{y} \end{pmatrix} = \begin{pmatrix} 0 & -\omega_n^2 & 0 & \omega_n^2 \\ 1 & 0 & 0 & 0 \end{pmatrix} \begin{pmatrix} \dot{y} \\ y \\ \dot{x} \\ x \end{pmatrix} \tag{4-24}$$

のように書き換えることができ，(4-23)式を見ると，y の運動への x の関与は，y の符号反転であることが分かる．したがい，(4-24)の離散化に際しても y の符号反転の項をそのまま付け加えればよく，

$$\begin{pmatrix} \dot{y}(k+1) \\ y(k+1) \end{pmatrix} =$$

$$\begin{pmatrix} \cos(\omega_n T) & -\omega_n \sin(\omega_n T) & -\cos(\omega_n T) & \omega_n \sin(\omega_n T) \\ \frac{1}{\omega_n}\sin(\omega_n T) & \cos(\omega_n T) & -\frac{1}{\omega_n}\sin(\omega_n T) & -\cos(\omega_n T) \end{pmatrix} \begin{pmatrix} \dot{y}(k) \\ y(k) \\ \dot{x}(k) \\ x(k) \end{pmatrix}$$

となりそうだ．しかし，これまでの議論では「y の振幅の中心は原点である」ことを前提にしていたが，実際には y の基準点である x も移動する．x の座標は，サンプリング時間 T [s] の間に $x(k+1) = T\dot{x}(k) + x(k)$ に移動すると考えられるので（k サンプリング番目の速度を T 倍したものが $x(k)$ からの増分），

$y(k+1)$ にはその項の追加が必要になる．また，速度の成分も $\dot{x}(k)$ 分オフセットして，

$$\begin{pmatrix} \dot{y}(k+1) \\ y(k+1) \end{pmatrix} = \begin{pmatrix} \cos(\omega_n T) & -\omega_n \sin(\omega_n T) & 1-\cos(\omega_n T) & \omega_n \sin(\omega_n T) \\ \dfrac{1}{\omega_n}\sin(\omega_n T) & \cos(\omega_n T) & T-\dfrac{1}{\omega_n}\sin(\omega_n T) & 1-\cos(\omega_n T) \end{pmatrix} \begin{pmatrix} \dot{y}(k) \\ y(k) \\ \dot{x}(k) \\ x(k) \end{pmatrix}$$

を得る．別の考え方をすると，行列 P の1行目は，2行目を T で微分したものに他ならない．これは位置 $y(k)$ は速度 $\dot{y}(k)$ を T [s] 間積分したものであることからも納得である．

最後は $u(k)$ の効果を考えよう．加速度 $u(k)$ が T [s] 間加わり続けると，その間に x の速度は $Tu(k)$ 増加し，距離は $x(k)$ から $T\dot{x}(k)+1/2T^2 u(k)$ 増加するから，最終的に(4-15, 4-16)式と同等の式，

$$\begin{pmatrix} \dot{y}(k+1) \\ y(k+1) \\ \dot{x}(k+1) \\ x(k+1) \end{pmatrix} = \begin{pmatrix} \cos(\omega_n T) & -\omega_n \sin(\omega_n T) & 1-\cos(\omega_n T) & \omega_n \sin(\omega_n T) \\ \dfrac{1}{\omega_n}\sin(\omega_n T) & \cos(\omega_n T) & T-\dfrac{1}{\omega_n}\sin(\omega_n T) & 1-\cos(\omega_n T) \\ 0 & 0 & 1 & 0 \\ 0 & 0 & T & 1 \end{pmatrix} \begin{pmatrix} \dot{y}(k) \\ y(k) \\ \dot{x}(k) \\ x(k) \end{pmatrix} + \begin{pmatrix} 0 \\ 0 \\ T \\ \dfrac{T^2}{2} \end{pmatrix} u(k)$$

(4-25)

を得る．(4-16)式と見比べると，行列 Q の第1行，第2行が0になっている．厳密には(4-16)式が正しいのだが，実用上は(4-24)式のように0とみなして構わない．なぜならば，多くの場合 $\omega_n T$ [rad] は十分小さく，その場合 $\sin(\omega_n T) \approx$

$\omega_n T$, $\cos(\omega_n T) \approx 1 - 1/2(\omega_n T)^2$ と近似でき, (4-16)式の Q の第1行, 第2行がほぼ0となるためである. 実例は後述の Excel プログラムで説明する.

　以上, 離散化の解釈を試みたが, MATLAB や Scilab (後述) などの制御系設計ツールを用い場合, P, Q の導出はツール側で行ってくれるので設計者側が気にすることはない. (4-16, 17)式を設計者自身で計算するのは, Excel などの汎用演算ツールを用いる場合のみである.

4-6　境界条件・制約条件の導出

　そもそも，各サンプリングごとの加速度 $u(k)$ を求める目的は，加減速終了時に残留振動を生じさせないためである．したがって加減速終了時の y や x の状態がどのようになっているかを知ることが最も重要である．初期条件を(4-26)としたとき，k サンプリング番目の機械先端の速度 $\dot{y}(k)$・位置 $y(k)$，駆動元の速度 $\dot{x}(k)$，位置 $x(k)$ は，(4-14)式に $k=0, 1, 2 \ldots n$ を次々と代入していくことで，次のように得られる．

$$z(0) = \begin{pmatrix} \dot{y}(0) \\ y(0) \\ \dot{x}(0) \\ x(0) \end{pmatrix} = 0 \tag{4-26}$$

$$z(1) = \begin{pmatrix} \dot{y}(1) \\ y(1) \\ \dot{x}(1) \\ x(1) \end{pmatrix} = Qu(0)$$

$$z(2) = \begin{pmatrix} \dot{y}(2) \\ y(2) \\ \dot{x}(2) \\ x(2) \end{pmatrix} = P\begin{pmatrix} \dot{y}(1) \\ y(1) \\ \dot{x}(1) \\ x(1) \end{pmatrix} + Qu(1) = PQu(0) + Qu(1)$$

$$z(3) = \begin{pmatrix} \dot{y}(3) \\ y(3) \\ \dot{x}(3) \\ x(3) \end{pmatrix} = P\begin{pmatrix} \dot{y}(2) \\ y(2) \\ \dot{x}(2) \\ x(2) \end{pmatrix} + Qu(2) = P^2 Qu(0) + PQu(1) + Qu(2)$$

…

$$z(n+1) = \begin{pmatrix} \dot{y}(n+1) \\ y(n+1) \\ \dot{x}(n+1) \\ x(n+1) \end{pmatrix} = P \begin{pmatrix} \dot{y}(n) \\ y(n) \\ \dot{x}(n) \\ x(n) \end{pmatrix} + Qu(n) = P^n Qu(0) + P^{n-1} Qu(1) + \ldots + Qu(n)$$

(4-27)

なお，P を m 行 m 列（$m \times m$）の正方行列とすると P^k も $m \times m$ である．それに $m \times 1$ の Q をかけると $P^k Q$（$k=0, 1 \ldots n$）は必ず $m \times 1$ のベクトルとなる．

ここで各サンプリング時間毎の加速度をベクトル表現して(4-28)式のように考える．

$$\mathbf{U} = \begin{bmatrix} u(0) \\ u(1) \\ u(2) \\ \ldots \\ u(n) \end{bmatrix}$$

(4-28)

(4-28)式は，求める加速度が時間関数ではなく，サンプリング i 番目の加速度の集合体であることを示しており，$\mathbf{U}$ は $(n+1) \times 1$ のベクトルである．仮にサンプリング時間が 10 [ms] であれば，$u(0)$ は時刻 0.0 [s] での加速度，$u(1)$ は時刻 0.01 [s] での加速度，$u(n)$ は時刻 $0.01 \times n$ [s] の加速度で，そこで加減速が終了することを意味する．

(4-27)式を(4-28)式を使って表すと，

$$X_{tf} = \begin{pmatrix} \dot{y}(n+1) \\ y(n+1) \\ \dot{x}(n+1) \\ x(n+1) \end{pmatrix} = [P^n Q \quad P^{n-1} Q \quad \cdots \quad PQ \quad Q] \begin{bmatrix} u(0) \\ u(1) \\ u(2) \\ \ldots \\ u(n) \end{bmatrix}$$

$$= V_d \mathbf{U}, \; (Vd = [P^n Q \quad P^{n-1} Q \quad \cdots \quad PQ \quad Q]) \quad (4\text{-}29)$$

となる．ここで V_d は $m \times (n+1)$ 行列である．

結局，(4-29)式で表される $n+1$ サンプリング目の機械先端の速度 $\dot{y}(n+1)$・位置 $y(n+1)$，駆動元の速度 $\dot{x}(n+1)$，位置 $x(n+1)$（これらは 0～n サンプリン

グ目の加速度によって形成される）が，先の(4-1)式の境界条件に等しいとき，機械先端は所定の位置と速度に到達し，加減速終了以降，振動しないことになる．

　2次計画法のメリットは，加速度の制約条件を考慮できることであると先に述べた．このための条件は，次の式で表現できる．

$$\begin{bmatrix} lb(0) \\ lb(1) \\ lb(2) \\ \cdots \\ lb(n) \end{bmatrix} \leq \begin{bmatrix} u(0) \\ u(1) \\ u(2) \\ \cdots \\ u(n) \end{bmatrix} \leq \begin{bmatrix} ub(0) \\ ub(1) \\ ub(2) \\ \cdots \\ ub(n) \end{bmatrix} \tag{4-30}$$

この式が意味するところは，各要素 $u(k)$ が $lb(k)$ 以上，$ub(k)$（$k=0, 1, 2 \ldots n$）以下に存在しなければならないということで，ベクトル表現を用いると，

$$L_B \leq \mathbf{U} \leq U_B \tag{4-31}$$

となる．

4-7　最適性の定式化

これまで繰り返し述べてきたように，(4-29)式を満たす各サンプリングごとの入力のセット U には無数の組み合わせがある．プリシェイピング法で述べた入力もそのうちの一つである．本書では，多数の組み合わせの中から**入力のエネルギーが最も小さい**ものを求めることにする．多くの場合，加速度はトルクに比例し，トルクはモータ電流に比例するから，各サンプリングの加速度の2乗和を最小化することが，エネルギーを最小化することにつながる．すなわち，

$$J = u(0)^2 + u(1)^2 + \ldots + u(n)^2 = (u(0),\ u(1),\ \ldots,\ u(n)) \begin{pmatrix} 1 & 0 & 0 & 0 \\ 0 & 1 & 0 & 0 \\ 0 & 0 & \cdots & 0 \\ 0 & 0 & 0 & 1 \end{pmatrix} \begin{pmatrix} u(0) \\ u(0) \\ \cdots \\ u(n) \end{pmatrix}$$
$$= \mathbf{U}^T c \mathbf{U}$$

(4-32)

と表現できる．ここで U の右肩の小文字 T は転置 transpose 行列の意味で，サンプリングタイムの T ではない．

以上，(4-29, 4-31, 4-32)式の説明を数学的な問題にまとめると，**図4-10** のように表現できる．min は(4-32)を U を変えながら最小化することを意味し，subject to は「〜の制約下で」という数学用語で，加減速終了時に所定の位置・速度に到達しつつ残留振動を起こさずに(4-29)，かつ，加速度を所定の範囲内に抑えること(4-31)を意味する．J が2次関数となっているので2次計画法と呼ば

$$\min_{\mathbf{U}} \quad \mathbf{u}^T c \mathbf{u}$$
$$\text{subject to} \quad x_{tf} = V_d \mathbf{u}$$
$$L_B \leq \mathbf{u} \leq U_B$$

■ 図4-10 ■　防振プロファイルを求める数学的な表現

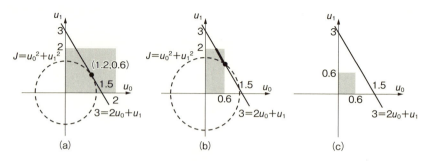

■ 図 4-11 ■　制約付き最適化のイメージ

れる方法である．

　これだけではイメージがわかないので，簡単な例で U を求めてみよう．問題を $\min \begin{pmatrix} u_0 & u_1 \end{pmatrix} \begin{pmatrix} 1 & 0 \\ 0 & 1 \end{pmatrix} \begin{pmatrix} u_0 \\ u_1 \end{pmatrix}$, subject to $3 = \begin{pmatrix} 2 & 1 \end{pmatrix} \begin{pmatrix} u_0 \\ u_1 \end{pmatrix}$, $\begin{pmatrix} 0 \\ 0 \end{pmatrix} \leq \begin{pmatrix} u_0 \\ u_1 \end{pmatrix} \leq \begin{pmatrix} 1.5 \\ 2.5 \end{pmatrix}$ とする．この状況を図4-11に示す．図4-11(a)において，所定の範囲内（灰色枠）で，かつ，定められた境界条件（u_0, u_1 が実線上に存在する）を満たす u_0, u_1 の中で，最も $J = u_0^2 + u_1^2$ を最小にするものは，実線に円が接する図の黒丸点である．もし，U の制約条件が $\begin{pmatrix} 0 \\ 0 \end{pmatrix} \leq \begin{pmatrix} u_0 \\ u_1 \end{pmatrix} \leq \begin{pmatrix} 0.6 \\ 2 \end{pmatrix}$ であるとすると，同図(b)のように u_0, u_1 の取りうる範囲が太実線のように狭められ，解が移動する．このとき，J の値も増加する．もし，制約条件が $\begin{pmatrix} 0 \\ 0 \end{pmatrix} \leq \begin{pmatrix} u_0 \\ u_1 \end{pmatrix} \leq \begin{pmatrix} 0.6 \\ 0.6 \end{pmatrix}$ ならば，そもそも境界条件を満たす U は存在しない．例えるなら加速度を小さく抑えながら届きようのない遠方まで移動しろ，と指示した状況である．

　では，どうやって最適解の黒丸点を求めるのだろうか．様々な方法があるが，最も人間が理解しやすい方法は等式を最適化の式に代入し，それを残りの入力で偏微分する方法である．すなわち，$3 = 2u_0 + u_1$ を $u_1 = ...$ の形に変え，J の u_1 に代入すると $J = u_0^2 + (3 - 2u_0)^2$，これが最小となる点では，u_0 が変化しても J は変

4−7 最適性の定式化

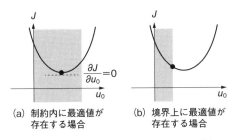

(a) 制約内に最適値が存在する場合

(b) 境界上に最適値が存在する場合

■図4-12■　制約条件と最適解の関係

化しないから（**図4-12**(a)），$\dfrac{\partial J}{\partial u_0}=10u_0-12=0$ を解いて $u_0=1.2$ と $u_1=0.6$ を得る．図4-11(b)の場合は J が真の最小点ではないので偏微分 $=0$ を使えないが，本例のような制約下の2次計画問題においては，境界値で最小値を取ることが分かっている（図4-12(b)）．したがって $u_0=0.6$ を選択して $u_1=1.8$ を得る．

先に「最も人間が理解しやすい方法は」と述べたが，実はコンピュータは「代入」という操作が苦手である．また，用途の汎用性も考えて市販のツールでは上記のような方法は用いていない．本例は解の導出のイメージを持って頂くために取り上げたもので，実際の最適解導出のアルゴリズムについては使用するツールのマニュアルなどを参考にされたい．**設計者がなすべきことは，目前にある振動問題を解析し，適切にモデル化を行って数学的に定式化し，図4-10の形に整理して設計ツールに引き渡すまでである．**それ以降はツールが最適解を導出してくれる．

では，いよいよ振動問題解決のためのプログラムの解説に移ろう．本書を読んですぐに業務に取りかかれるよう，プログラムを三種類紹介する．一つはエクセルを用いる方法，一つはフリーの制御系設計ツール Scilab を使用する方法，最後に市販の制御系設計ツール MATLAB を使用する方法を紹介する．

第4章　デジタルシステムにおけるフィードフォワード制御

4-8　Excelによる防振プロファイルの導出

　あまり知られていないが，Excelでも最適化計算が可能である．図4-13は図4-2のシステムに対する防振プロファイルを2次計画法で導出した時のExcelのスクリーンショットである．

　まず質量2 [kg]，バネ定数2×10^5 [N/m]，粘性係数0からω_n=316.2 [rad/s]，$\zeta=0$を得，連続系の状態方程式(4-13)式に代入する．それを(4-15, 4-16)式を用いて離散化を施したものが図の上部[B2：E5]のP行列，[G2：G5]のQ行列である．

　ここでサンプリング時間はT=0.25 [ms]とした．先に(4-25)式の導出で述べたように，Q行列の1列目と2列目は非常に小さく無視できる値である．また，サンプリング時間が非常に短いためにT^2の項である4列目も極めて小さい値となっている．加速時間を15.75 [ms]とし，求める加速度を都合64サンプリン

	A	B	C	D	E	F	G	H
	B12		fx	[=TRANSPOSE(MMULT($B$2:$E$5, TRANSPOSE(B11:E11))) + TRANSPOSE(MMULT($G$2:$G$5, F11))			
1		P行列					Q行列	
2		0.996876627	-24.97396647	0.003123373	24.97396647		2.60E-07	
3		0.00024974	0.996876627	2.60E-07	0.003123373		1.63E-11	
4		0	0	1	0		0.00025	
5		0	0	0.00025	1		3.13E-08	
6								
7		最終先端速度[m/s]	最終先端位置[m]	最終駆動速度[m/s]	最終駆動位置[m]			
8		0.2	0.0016	0.2	0.0016			
9	時刻	先端速度[m/s]	先端位置[m]	駆動速度[m/s]	駆動位置[m]	加速度 u [m/s^2]	加速度^2の総和	加速度制約[m/s^2]
10	0	0	0	0	0	20.66505432	427.0444699	25
11	0.00025	5.37984E-06	3.36275E-10	0.005166264	6.45783E-07	20.26285938	8.30E+02	25
12	0.0005	4.28937E-05	5.3705E-09	0.010231978	2.57056E-06	19.82350278	1.23E+03	25
13	0.00075	0.000143942	2.70811E-08	0.015187854	5.74804E-06	19.34972538	1.61E+03	25
14	0.001	0.000338842	8.51666E-08	0.020025285	1.01497E-05	18.84449001	1.96E+03	25
15	0.00125	0.000656587	2.06744E-07	0.024736408	1.57449E-05	18.3109475	2.30E+03	25
16	0.0015	0.001124614	4.25989E-07	0.029314145	2.25012E-05	17.75243656	2.61E+03	25
17	0.00175	0.001768587	7.83719E-07	0.033752254	3.03845E-05	17.17244299	2.91E+03	25
18	0.002	0.002612204	1.32693E-06	0.038045365	3.93592E-05	16.57459228	3.18E+03	25
19	0.00225	0.003677007	2.10826E-06	0.042189013	4.93885E-05	15.9626145	3.43E+03	25
67	0.01425	0.198231398	0.00125078	0.166247766	0.001280385	17.75243306	9.16E+03	25
68	0.0145	0.198875372	0.001300426	0.170665875	0.001322501	18.31094159	9.49E+03	25
69	0.01475	0.199343399	0.001350207	0.17526361	0.001365745	18.84448102	9.85E+03	25
70	0.015	0.199661145	0.001400085	0.17997473	0.00141015	19.34971562	1.02E+04	25
71	0.01525	0.199856046	0.001450027	0.184812159	0.001455748	19.82348862	1.06E+04	25
72	0.0155	0.199957096	0.001500005	0.189768031	0.001502571	20.26284458	1.10E+04	25
73	0.01575	0.199994611	0.00155	0.194833742	0.001550646	20.66503542	1.15E+04	25
74	0.016	0.199999992	0.0016	0.200000001	0.0016	0		
75								

■図4-13■　Excelによる防振プロファイルの導出結果

ग間の [F10:F73] としている．[B8:E8] が(4-29)式で定めるべき加速終了後のそれぞれの状態の境界条件である．

1サンプリング目の先端速度・位置，駆動元速度・位置を表すセル [B11:E11] には，

　　＝TRANSPOSE (MMULT (G2:G5,F10))

と記述されており，これは(4-27)式の1段目の計算をそのままプログラム化したものである．すなわち Q 行列 [G2:G5] と F10 の $u(0)$ を掛け合わせて $z(1)$ を導出し，それを [B11:E11] に配置している．Transpose とは転置の意であり，本来であれば $z(1)$ は縦行列であるが，Excel の処理上，都合の良い横行列に変換している．

2サンプリング目の先端速度・位置，駆動元速度・位置を表すセル [B12:E12] には，

　　＝TRANSPOSE(MMULT($B$2:$E$5,TRANSPOSE(B11:E11)))＋TRANSPOSE(MMULT($G$2:$G$5, F11))

と記述されており，これは(4-27)式の2段目の計算をそのままプログラム化したものである．すなわち，P や Q 行列に $z(1)$ を表す [B11:E11] や F11 の $u(2)$ をかけて足し合わせて $z(2)$ を求めている．

以下，[B13:E74] のセルでは逐次この計算を行っており，[B74:E74] には加速終了後の先端速度・位置，駆動元速度・位置が格納される．

一方，[G10:G73] では最適化のための加速度の2乗逐次和が計算されており，例えば G12 には，

　　＝F12^2+G11

とプログラムされて，結果，G73 には(4-32)式で表される加速度の2乗の総和が格納される．

さて，ワークシート上のプログラムの設定が終われば，次は最適化実行の設定である．Excel のメニューのツール→ソルバーを選べば，**図4-14** のスクリーンショットが見られるだろう（Excel のバージョンにより画面は異なる）．

「目的セル」は最適化を施す対象で，先に述べた G73 を最小化する．また，「変

第4章 デジタルシステムにおけるフィードフォワード制御

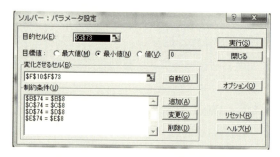

■図 4-14■ Excel のソルバーの設定

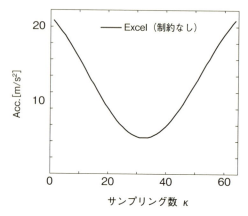

■図 4-15■ Excel により導出された防振プロファイル

化させるセル」は各サンプリングの加速度なので［F10：F73］を設定する．「制約条件」としては，加速終了時の先端速度・位置，駆動元速度・位置が，それぞれ所定の境界条件に等しいことを指定する．この様に設定した上で「実行」をクリックすれば，図 4-13 を得る．また，この時に得られた加速度波形を**図 4-15** に示す．共振周波数は 50.3 Hz で固有周期は 20 ms であるから，16 ms の加速時間は確かに凹型の加速波形となる．

なお，ここで，次の様に設定すれば加速度が 20 [m/s^2] に制限されることを意味するが，図 4-14 のスクリーンショットに記述されていないのには理由がある．

F10:F73<=H10:H73

　仕様上は，これらの制約下においても最適化が実行されるはずであるが，筆者のExcelでは残念ながら解が求められなかった．収束性の設定や最適化アルゴリズムの変更，もしくはメモリの増強など，様々な工夫によって求められるのかも知れないが，Excelの位置づけは，あくまでも2次計画法の入門であるので，加速度制約さえ与えなければ，Excelで防振プロファイルを求められることは確認できた．なお，Excelでの使用上の注意はもう3点あって，ソルバーにはアドインと言う追加作業が必要であること，求解できるサンプリング数に制限があること，行列の扱いには「配列数式」という特殊な入力法が必要であることに留意されたい．この他，Excelの最適化に関しては，文献［7］が大変参考になる．

4-9 Scilabによる防振プロファイルの導出

　Scilabはオープンソースの数値計算ツールで，現在はフランスのINRIA（国立情報学自動制御研究所）を中心として開発が進められている．著者の感想では，ユーザーインターフェース・ユーザーサポートの点においてはさすがに有料のMATLABの方が優れている．殊にsimulinkを代表としたGUIや，かゆいところに手の届く親切な各種ツールボックスの存在は極めて有用である．しかしながら，簡単な防振プロファイルの設計に使用するだけならば，無料のScilabで対応可能である．企業の方ならば章末の**プログラム1**を利用して効果の程を確かめた上で，本格的な市販の制御設計ツールの購入を働きかけるのも一手であろう．Scilabのインストール法や使用法については，http://scilab.na-inet.jp/ やhttps://help.scilab.org/docs/6.0.0/ja_JP/などで日本語で丁寧に解説がなされているので，そちらを参照してほしい．

(1) プログラム詳解

　プログラム1がScilabによる2次計画法による防振加速度波形導出のプログラムである．サンプリング時間は0.010［s］とし，対象とする共振周波数は1.9379 Hz，減衰係数は0としている．加速時間はTacで設定し，境界条件として加速終了時のモータ速度をVmx，モータ位置をXac＝Vmx*Tac/2としている．加速度の上下限をそれぞれAmx，Amnで設定し，Nacは第0サンプリングから加速終了となるまでの総サンプリング数である．プログラムの中で行列中に現れるセミコロン；は，行を変える記号である．また，列を変える記号はスペースであるので，プログラム中にでは空白として見える．//はC++よろしくコメントを意味する．19行目のbeqが(4-1)の終端条件である．

　23行目～27行目のA行列，B行列は(4-13)式の通りで，プログラムでは離散化のためにC行列，D行列を設定している．C，D行列は加速度の演算に影響を

与えないので，行数・列数のつじつまさえ合えばどのような値でも良い．つじつまが合うとは，状態の数を m としたときに C 行列は $\alpha \times m$，D 行列は $\alpha \times 1$ の行列でなければならない．本プログラムでは $m=4$，$\alpha=1$ である．31 行目の syslin コマンドは離散化の準備としての連続系のシステムを定義するもので，決まり文句のおまじないのようなものである．32 行目の dscr コマンドが(4-14)式を実行する離散化の関数で，sysd が離散化されたシステムを表し，sysd.A が P に，sysd.B が Q に相当する．

37 行目〜39 行目が(4-29)式の V_d に相当する行列を求めるもので，For 文により P のべき乗を変化させながら第 1 列，第 2 列 … と演算を進め，第 $n+1$ 列では $p^0Q=Q$ を設定している．

45 行目の blockineq= から 54 行目の bineq= までの 10 行は「加速度をステップ状に立ち上げたくない場合」のためのプログラムで，(4-33)式で後述する．加速度をステップ状に立ち上げても良い場合は 56，57 行目はそのまま残し，制約が無いことを明示するために空行列の意味の［］を変数に設定する．

60 行目と 61 行目の LB，UB は(4-30)式を設定する部分で，加速度の上下限の制約値 $lb(0) \sim lb(n)$，$ub(0) \sim ub(n)$ をそれぞれのサンプリングごとに縦に並べてある．プログラム例ではすべてのサンプリングで下限を Amn に，上限を Amx に設定してあるが，ここの行をきめ細やかに設定すれば，○○サンプリングから□□サンプリングまでの加速度のみを△△に設定する，のようなこともできる．サンプリングごとに上下限の値を変えても良い．

Copt は $\sum_{i=0}^{n} u(i)^2$ を計算するための行列の設定(4-32)式の c に相当し，dopt は使用しないので 0 ベクトルを代入している．

66 行目の qpsolve が最適化演算の御本尊の関数で，ここまで行ってきた各種変数の設定はこの関数を呼び出すための準備と言って良い．Scilab が指定する関数のフォーマット**図 4-16** に従い，これまで導出した行列・ベクトルを設定する．length(beq) は振動を引き起こさないための境界条件の数（＝4）が設定される．以上のプログラムを実行することで，(4-28)式の 0 サンプリング目から加速最終

第4章　デジタルシステムにおけるフィードフォワード制御

[u_acc,iact,iter,f]=qpsolve(Copt, dopt, Vd, Vq, LB, UB, length(xtf));

$u^T Coptu - doptu$ を $\begin{pmatrix} A_{eq}u \\ A_{ineq}u \end{pmatrix} = \begin{pmatrix} b_{eq} \\ b_{ineq} \end{pmatrix}$

　　　　　　　　　　　V_d　　　V_q

　　　　　　　$L_B < u < U_B$

の条件で最小化．得られたuをu_accに格納

b_{eq}の要素数

■図4-16■　Scilabの最適化コマンドqpsolveの仕様

サンプリングnまでの個々の加速度がu_accとして決定される．

68行目のu_acc(Nac+1)=0は，加速終了後の加速度が0であることを明示的に指定している．69行目で時間のベクトルtimeを作成し，70行目でtimeとu_accをセットにした変数inputを生成している．なお，プログラム中のアポストロフィ「'」は，縦ベクトルと横ベクトルを入れ替える転置の意味である．本プログラムはexecコマンドで実行される．

(2) 制約付防振プロファイルの例

加速時間Tacを0.45［s］とし，加速度の制約を十分大きくして上記プログラムを実行したときに得られた防振加速度波形を図4-17の細線として示す．加速時間が1周期以下なので，凹型の波形となっているが，加速終了時に加速のピークが見受けられる．そこで加速度の制約を0〜2.1［m/s^2］と設定すると，太線のように加速波形が変化し，2.1［m/s^2］でクリッピングされる加速波形が得られた．両線とも残留振動を引き起こさないという境界条件は満たしているが，やはり太線の方が現実的な波形であろう．

なお，加速度の制約をさらに厳しく2.0［m/s^2］に設定すると，Scilabは「最小限化問題はいかなる解決策も持っていません」と表示した．これは設定された制約下で振動を0にする加速度が存在しないことを意味する．この場合は加速時間を長くするか，制約を緩める等の設定変更が必要であろう．一般的に，Scilabは制約条件の厳しいもの，あるいはモデルが複雑なものに対してMATLABに比べて演算を停止する傾向がある．このあたりがフリーのツールの限界と言える

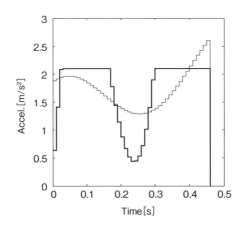

■図4-17■　加速度の制約による加速波形の変化

かもしれない.

(3) 加速度の制約・不等式制約

図4-17を見て，加速開始・加速終了時にステップ状に加速度が立ち上がっていることに違和感を覚える方もいるだろう．Scilabを使うと加速度の微分（ジャーク値）を制限することもできるので，その方法について説明する．加速度の微分は，離散系においてはひとつ前のサンプリングにおける値との差分であるから，差分をある値 $-b$ から b の範囲に抑えることで，立ち上がり・立ち下がりを抑えることができる．その式は(4-33)式のように記述でき，これをScilabの書式に整えると(4-34)式の不等式になる．空白の部分は0で埋め尽くされることを意味する．(4-34)式の行列の冒頭2行と末尾2行は $u(0)$ と $u(n)$ が $-b$〜b の範囲に収まる，すなわち，加速がおおよそ0から始まり，おおよそ0に終わることを意味する．先のプログラムの詳解で省略した45行目〜54行目の10行分は，この行列の設定を行っている．プログラムにおいて，ジャーク値の制約を行う際は，56，57行目の Aineq=[]; Bineq=[];の2行をコメント（//）されたい（コメントにしないとせっかく設定した値が空欄にされるため）．

$$\begin{cases} +u(0)-u(1) < b \\ -u(0)+u(1) < b \\ +u(1)-u(2) < b \\ -u(1)+u(2) < b \\ \quad \cdots \\ +u(n-1)-u(n) < b \\ -u(n-1)+u(n) < b \end{cases} \tag{4-33}$$

$$\begin{pmatrix} -1 & 0 & & & & & \\ 1 & 0 & & & 0 & & \\ 1 & -1 & & & & & \\ -1 & 1 & & & & & \\ & 1 & -1 & & & & \\ & -1 & 1 & & & & \\ & & \cdots & & & & \\ & & & 1 & -1 & & \\ & & & -1 & 1 & & \\ 0 & & & 0 & 1 & & \\ & & & 0 & -1 & & \end{pmatrix} \mathbf{U} < \begin{pmatrix} b \\ b \\ b \\ b \\ b \\ b \\ b \\ b \\ b \\ b \end{pmatrix} \tag{4-34}$$

では，ジャーク値の制約を設けて加速度に制約を設けた場合と設けなかった場合の比較を**図4-18**に示す．共振周波数の周期0.52 [s] に対し加速時間は0.8 [s] と1周期以上の時間を設定しているために加速波形は凸型となるが，ジャーク値の制約を与えない細線の場合，加速の始端と終端でピークを示していることが分かる．一方，差分が+/−0.06内に収まることを指定した実線の場合は，0 [m/s^2] から加速を開始し，徐々に加速度が上がっていくことが確認できる．また，加速終了時も緩やかに0 [m/s^2] に収束している．実線の方が現実的な加速であると言えよう．

以上の様に，2次計画法は極めて強力な防振プロファイルの設計法を提供する．設定次第で様々な条件を加えることができるので，皆さんも様々な制約を不等式で与えてトライして欲しい．

4−9 Scilabによる防振プロファイルの導出

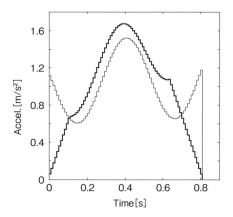

■図 4-18■ ジャーク値の制約による加速波形の変化

第4章 デジタルシステムにおけるフィードフォワード制御

```
 1 // プログラム1 Scilabによる2次計画法
 2
 3 close; clear;
 4
 5 sample_time = 0.010;              // サンプリングタイム [sec]
 6 pi = 3.141592;
 7 H = 1.9379;                       // 共振周波数 [Hz]
 8 wn = 2*pi*H;                      // 共振角周波数 [rad/s]
 9 zeta = 0.0;
10
11 Vmx = 0.8;                        // 最大速度 [m/sec]
12 Tac = 0.80;                       // 加速区間の時間 [sec] sample timeで割り切れるよう
13 Amx = 2.1;                        // 最大加減速度 [m/sec^2]
14 Amn = -2.0;                       // 最小加減速度 [m/sec^2]
15 Jark = 0.6;                       // 1sample 間の加速度の上下制限
16 Xac = Vmx * Tac / 2.0;            // 加速区間の搬送量 [m]
17 Nac = ( Tac/sample_time ) + 1;    // 加速区間のステップ数(区間端含む)
18
19 beq = [ Vmx ; Xac-2*zeta/wn*Vmx ; Vmx ; Xac ];
20                                   // 加速終了時の終端条件[先端速度;先端位置;速度;位置]
21
22 //連続系共振モデル dx/dt = Ax + Bu, y = Cx + Du
23 A = [ -2*zeta*wn -wn^2 0 wn^2 ;
24       1          0    0 0    ;
25       0          0    0 0    ;
26       0          0    1 0 ];
27 B = [ 0 ; 0 ; 1 ; 0 ];
28 C = [ 0 1 0 0 ; 0 0 1 0 ; 0 0 0 1 ];
29 D = [ 0 ; 0 ; 0 ];
30
31 sys = syslin('c', A, B, C, D);    // 状態空間モデル化
32 sysd = dscr( sys, sample_time );  // 0次ホールドでシステムを離散化
33 P=sysd.A;
34 Q=sysd.B;
35
36 //%%% 離散システムの応答を求める %%%
37 for i = 1 : Nac
```

```
38     Aeq(:,i) = P^(Nac-i) * Q;           // 各ステップでの応答（P行列を(Nac-i)乗してQと乗算）
39 end                                      // 例．Tac=20ms -> Nac=3 (0ms,10ms,20ms)の3つ，
40                                          // X(30ms)=[P^2*Q]*u(0ms)+[P^1*Q]*u(10ms)+[P^0*Q]*u(20ms)
41                                          // Aeq=[P^2*Q,  P^1*Q,  P^0*Q]　となる．
42                                          // u(20ms)までの入力でX(30ms)の状態が境界条件を満たしているか
43                                          // 時刻0msは行列，ベクトルの順番でいうと1番目．混乱するところ
44
45 blockineq = [ 1, -1; -1, 1];             //ジャーク制約の設定
46 Aineq = zeros(2*Nac+2,Nac);
47 for i=2:Nac
48     Aineq( (2*i-1):(2*i), i-1:i ) = blockineq;
49 end
50 Aineq(1,1)=-1;
51 Aineq(2,1)=1;
52 Aineq(2*Nac+1,Nac) = 1;
53 Aineq(2*Nac+2,Nac) = -1;
54 bineq = Jark*ones(2*Nac+2,1);
55
56 Aineq=[];                                //ジャーク値の制約を行う際はコメントする．
57 bineq=[];                                //ジャーク値の制約を行う際はコメントする．
58 Vd = [Aeq; Aineq];                       //制約条件
59 Vq = [beq; bineq];                       //制約条件
60 LB = Amn * ones( Nac, 1 );               //設計変数の下境界値
61 UB = Amx * ones( Nac, 1 );               //設計変数の上境界値
62 Copt = eye( Nac, Nac );                  //評価関数C   ex. u(0ms)^2+u(10ms)^2+u(20ms)^2
63 dopt = zeros( Nac, 1 );                  //評価関数d
64
65 // 最小二乗問題を解く min (U' CoptU-doptU) subject to Aineq*u<=bineq and Aeq*u = beq
66 [u_acc,iact,iter,f] = qpsolve( Copt, dopt, Vd, Vq, LB, UB, length(beq));
67
68 u_acc(Nac+1)=0;
69 time=[0:sample_time:Tac+sample_time]';
70 inputdata=[time,u_acc];                   // 第1列目縦に時刻が並び，第2列目縦に加速度が並ぶ
71
72 plot2d(u_acc,rect=[0,0,82,2]);            // プロットコマンド
73 fprintfMat('acc.dat',inputdata,'%1.16f');
74                                           // ファイルにセーブ フォーマットは  %1.16f
75            // https://help.scilab.org/docs/6.0.0/ja_JP/qpsolve.html 参照
```

第4章 デジタルシステムにおけるフィードフォワード制御

4-10 MATLABによる防振プロファイルの導出

　MATLABとは，テクニカルコンピューティング用の高性能な言語である．問題や解答が数学的な記法で表現されるような分野で，数値計算やプログラミングがより簡単にできるという特徴を持つ．具体的には，数値計算，アルゴリズム開発，モデリング・シミュレーション，データ解析・診断・可視化，科学的・工学的なグラフィックス，グラフィックスユーザインターフェースの構築などの機能を持っている．有料ではあるが，それだけにScilabよりもユーザーインターフェースに優れており，メーカーサポートも充実している．

　防振プロファイル設計という用途に限っていうと，Scilabよりも1. 演算エラーを出す頻度が少ない，2. ユーザにとって妥当と思われる結果を出す，などのメリットがある．1. については先に「最小限化問題はいかなる解決策も持っていません」というエラーについて述べたが，MATLABでももちろん不適切な問題については同様のエラーを出力する．しかしながら，エラーを出す条件がMATLABの方が緩やかな（エラーを出しにくい）印象を受ける．

　そのMATLAB用の設計プログラムを**プログラム2**に示す．今回の機構の対象は，図3-21の，2つの共振周波数を持つモデルである．実はScilabでも同仕様のプログラムを走らせることはできたが，導出される解が変化の激しい解になる傾向があったために，MATLABで設計した次第である．

　プログラムの5行目～14行目で対象モデルのパラメータを設定しているが，それは図3-21のケーススタディと同一である．23行目の終端条件については，それぞれ図3-21の x_3, x_2, x_1 に関する速度と位置を設定するため，合計6つの状態となっている．したがってScilabのところで求めた行列のサイズを $m=6$, $\alpha=1$ として，28行目～34行目のA行列が 6×6，B行列が 6×1，C行列が 1×6，D行列が 1×1 となっている．38行目はSilabと同様，連続系のシステムを定義するもので，39行目のc2dコマンドで離散化を行っている．sysdが離散化され

4-10 MATLABによる防振プロファイルの導出

たシステムを表し，sysd.A が P に，sysd.B が Q に相当するので，42行目〜44行目で(4-29)式の V_d を求めている．Scilab と同様，加加速度を制限しない場合は 46，47 行目の Aineq, bineq に空行列の意味の [] を設定する．もし加加速度を制限したい場合は，Scilab の 45 行から 54 行目のプログラムをここに挿入すれば良い．

50 行目と 51 行目の LB，UB は (4-30) 式を設定する部分で，加速度の上下限の制約値 $lb(0) \sim lb(n)$，$ub(0) \sim ub(n)$ をそれぞれのサンプリングごとに縦に並べてある．Copt は $\sum_{i=0}^{n} u(i)^2$ を計算するための行列の設定(4-32)式の c に相等し，dopt は使用しないので 0 ベクトルを代入しているのは Scilab と同一である．

56 行目の lsqlin が最適化演算の御本尊の関数で，ここまで行ってきた各種変数の設定はこの関数を呼び出すための準備と言って良い．パラメータの設定の考え方は Scilab と似ているが，加加速度の制約は境界条件とは個別に設定するところが異なる．以上のプログラムを実行することで，(4-28)式の0サンプリング目から加速最終サンプリング n までの個々の加速度が u_acc として決定される．

以降は Scilab 同様，時間のベクトル t を作成し，t と u_acc をセットにした変数 accmat を生成している．61 行目の sim コマンドは図 4-19 で示されるシミュレーションを実行するコマンドで，この結果をプロットしたものを図 4-20 に示す．図 4-20(a) は上から計算された機械先端の位置，駆動元の速度，駆動元の加速度を表しており，機械先端が振動なく位置決めされていることを示している．(b) に第 2 章で求めたプリシェイピング法による加速度入力との比較を示す．凹凸の

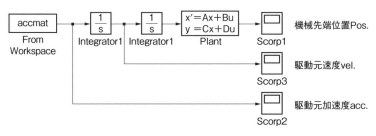

■図4-19■　シミュレーションに用いた Simulink のブロック図

第4章 デジタルシステムにおけるフィードフォワード制御

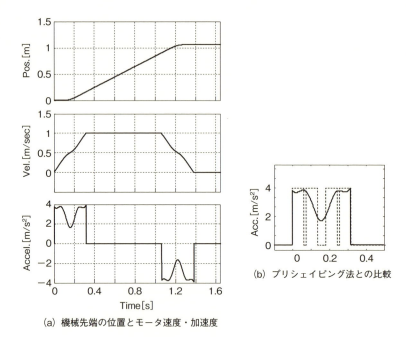

(a) 機械先端の位置とモータ速度・加速度

(b) プリシェイピング法との比較

■図 4-20■ 2つの共振周波数を持つシステムに対する2次計画法の適用例

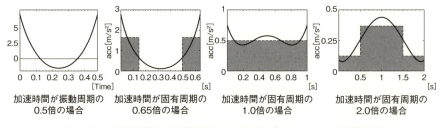

| 加速時間が振動周期の 0.5倍の場合 | 加速時間が固有周期の 0.65倍の場合 | 加速時間が固有周期の 1.0倍の場合 | 加速時間が固有周期の 2.0倍の場合 |

■図 4-21 振動周期と加速時間による防振プロファイルの形状変化

激しいプリシェイピング法に比べ，より滑らかな加速度が実現できていることが確認できるだろう．

最後に，これまで導出してきた防振プロファイルの傾向をまとめよう．図 4-21 に示すように，加速時間が振動周期に比してどの程度長いかで，振動を抑える加速波形のパターンが定まってくる．加速時間が振動周期より短いならば凹型，

同程度ならフラット型，長いなら凸型である．この形状は，プリシェイピング法を用いても，時間多項式を用いても，2次計画法を用いても変わらない波形そのものが持つ特性である．もし，加速時間が振動周期の半周期より短いなら，負の加速度を使うしかない．設計法としては，とにかく手っとり早く振動を抑えたいならプリシェイピング法，滑らかに動かしたいなら時間多項式，さらに制約まで考慮したいなら2次計画法がお勧めである．これらの予備知識があれば，より適切に，素早く振動対策が打てるのではないだろうか．

文献一覧

[1]　川上祥雄，三好孝典，寺嶋一彦，天井クレーンの障害物回避を考慮した搬送物軌道計画，計測自動制御学会システムインテグレーション部門講演会，2H4-1, 2003
[2]　システムの最適理論と最適化，嘉納秀明，コロナ社，1987
[3]　工学的最適制御，加藤寛一郎，東京大学出版会，1988
[4]　三好，寺嶋：境界条件を考慮した有限時間多項式表現による制御入力の解析解導出，計測自動制御学会論文集，Vol.36, No.6, pp.489-496, 2000
[5]　Optimal Reference Shaping for Dynamical Systems: Theory and Applications, Tarunraj Singh, CRC press, 2009
[6]　Digital Control System Analysis and Design, Charlses L.Phillips and H.Troy Nagle Jr., 日刊工業新聞社（日本語訳），1990
[7]　Excelで操る！ここまでできる科学技術計算，神足史人 著，丸善出版，2009
[8]　三好，寺嶋：時変振動機構に対する制振フィードフォワード制御入力の導出とクレーンへの応用，機械学会論論文集（C），64-624, pp.2859-2866, 1998
[9]　三好，寺嶋：共振周波数の変動を考慮した最適ロバストフィードフォワード制御入力の導出と応用，機械学会論文集（C），69-682, pp.1550-1555, 2003
[10]　山浦，小野，"制振加速度起動制御を用いた振動自由度を有する位置決め機構の制振アクセス制御"，機会学会論文集（C），57-538, pp.1876-1883, 1991
[11]　兼重，野田，三好，寺嶋，"2次元搬送システムにおける振動抑制を考慮した目標値整形"，Proc. of Dynamics & Design Conf., No.635, 2009
[12]　杉江，山本，"状態および入力の制約を考慮した閉ループ系の目標値生成"，計測自動制御学会論文集，Vol.37, No.9, pp.849-855, 2001

第4章 デジタルシステムにおけるフィードフォワード制御

```
1   %%% プログラム2  MATLABによる2次計画法 %%%
2
3   close all; clear;
4
5   m2=2;                                   %[kg]
6   m3=1;                                   %[kg]
7   k2=1024;                                %[N/m]
8   k3=1024;                                %[N/m]
9   sample_time = 0.0005;                   %サンプルタイム [sec]
10  Vmx = 1.0;                              %最大速度 [m/sec]
11  Xco = 1.061;                            %搬送量 [m]
12  Tac = 0.319;                            %加速時間 [sec] sample time で割り切れるよう。
13  Amx = 5;                                %最大加速度 [m/sec^2]
14  Tsp = 4.0;                              %停止後待ち時間
15  Xac = Vmx * Tac / 2.0;                  %加速区間の搬送量 [m]
16  Tuv = ( Xco / Vmx ) - Tac;              %等速区間の搬送時間 [sec]
17  Tal = 2*Tac + Tuv + Tsp;                %全搬送時間 [sec]
18
19  Nac = round( Tac / sample_time ) + 1;   %加速区間のステップ数（区間端含む）
20  Nuv = round( Tuv / sample_time ) - 1;   %等速区間のステップ数（区間端含まない）
21  Nsp = round( Tsp / sample_time ) - 1;   %停止区間のステップ数（区間端含まない）
22
23  xtf = [ Vmx; Vmx; Vmx; Xac; Xac; Xac ];
24                %終端条件[先端速度；中間速度；根本速度；先端位置；中間位置；根本位置 ]
25  %%連続系バネ・ダンパモデル dx/dt = Ax + Bu, y = Cx + Du
26  %% 状態変数[ dotx3; dotx2; dotx1; x3; x2; x1 ];
27  %% 入力 ddotx1
28  A = [ 0, 0, 0, -k3/m3,  +k3/m3,     0 ;
29        0, 0, 0, +k3/m2, -(k2+k3)/m2, +k2/m2;
30        0, 0, 0,   0,       0,         0 ;
31        1, 0, 0,   0,       0,         0 ;
32        0, 1, 0,   0,       0,         0 ;
33        0, 0, 1,   0,       0,         0 ];
34  B = [ 0 ; 0 ; 1 ; 0; 0; 0 ];
35  C = [ 0, 0, 0, 1, 0, 0 ];
36  D = [ 0 ];
37
```

```
38  sys = ss( A, B, C, D );                              %状態空間モデル化
39  sysd = c2d( sys, sample_time, 'zoh' );               %0次ホールドでシステムを離散化
40
41  %%% 離散システムの応答を求める %%%
42  for i = 1 : Nac
43          Vd(:,i) = sysd.A^(Nac-i) * sysd.B;           %（A行列を(N-1)乗してBと乗算）
44  end
45
46  Aineq = [];                                          %不等号制約 A
47  bineq = [];                                          %不等号制約 b
48  Aeq = Vd;                                            %等号制約 A
49  beq = xtf;                                           %等号制約 b
50  LB = zeros( Nac, 1 );                                %設計変数の下境界値
51  UB = Amx * ones( Nac, 1 );                           %設計変数の上境界値
52  Copt = eye( Nac );                                   %評価関数 C
53  dopt = zeros( Nac, 1 );                              %評価関数 d
54
55  %%% 最小二乗問題を解く min 0.5*(NORM(C*x-d)).^2  subject to A*x <= b and Aeq*x = beq %%%
56  u_acc = lsqlin( Copt, dopt, Aineq, bineq, Aeq, beq, LB, UB )';
57
58  t = 0 : sample_time : Tal;
59  u = [ 0, u_acc, zeros(1,Nuv), -u_acc, zeros(1,Nsp) ]; % u = [ 加速 等速 減速 等速 減速 …
60  accmat = [ t' , u' ];                                % input = [ 時系列 ; 入力指令 ]
61  sim( 'ff_mdl', 1.65 );                               %シミュレーションの実行
62
63  %%% シミュレーション結果の出力 %%%
64  figure;
65  subplot( 411 ); hold on; grid on;
66  plot( sentanpos(:,1), sentanpos(:,2) );              %先端位置のプロット
67  ylabel('Position [m]');
68
69  subplot( 412 ); hold on; grid on;
70  plot( motorvel(:,1), motorvel(:,2) );                %モータ速度のプロット
71  ylabel('Velocity [m/sec]');
72
73  subplot( 413 ); hold on; grid on;
74  plot( input(:,1), input(:,2) );                      %加速度のプロット
```

第5章

実プラントへの適用事例

5-1 スタッカークレーンへの適用例 (取材協力:村田機械 L&A 事業部)

「これ,本当にうまく動くの?」.筆者が図 5-1 の制御ブロック図を最初に見たときの偽らざる感想である.モータ,あるいは機構先端に取り付けられたエンコーダからの信号に基づいて速度指令を決定し,速度制御システムに指示を出す.驚くほど簡潔でありながら,高性能で数多くの製品群に組み込まれて実績を上げている制御システム.これを実現させているのが,村田機械だ.

このブロック図にはクローズドループ制御で通常見受けられるループ外部からの指令値がない.外部からの指令値が無いから偏差も生じない.ただ,エンコーダが計測した現在位置に応じて所定の速度指令を出す指令器と,指示された速度で移動するモータを含めたブロックだけでループを構成する.通常のクローズドループを人間に例えるなら,「体をこう動かせ」という外部指令が大脳に相当し,実際の運動を司る制御器が小脳,モータが手足の筋肉に相当するだろうか.それを大脳なしで小脳と筋肉だけで条件反射的に動かしているように見える.本当にうまく動くのだろうか.

図 5-2(a) の台形速度プロファイルを考える.最初に加速度 a で加速し,その後速度 v_0 で巡航,所定の位置まで進むと減速度 $-a$ で減速し,速度 0 で停止となる.通常のクローズドループ制御を用いた位置決めシステムにおいては,その積分値である図 5-2(b) の位置プロファイルが時々刻々と外部指令としてループ

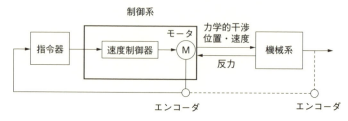

■図 5-1■ コマンドインクルーディッド制御

5-1 スタッカークレーンへの適用例（取材協力：村田機械L&A事業部）

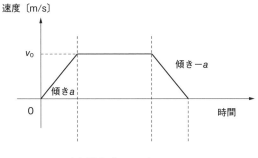

(a) 速度プロファイル

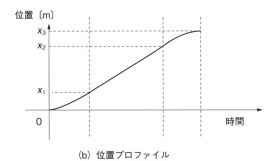

(b) 位置プロファイル

■図5-2■ 外部指令のプロファイル

に入力される．このプロファイルを横軸位置，縦軸速度に書き直したものが**図5-3**である．横軸0からx_1までは加速区間，x_1からx_2までは等速区間，x_2からx_3までが減速区間となる．本制御システムにおいて，指令器にはこの位置と速度の関係式の一部がプログラミングされている．

　もう少し詳しく説明しよう．時刻 t [s] における速度 v [m/s]，位置 x [m] は等加速区間では $x=1/2at^2$，$v=at$ だから，t を消去して $v=\sqrt{2ax}$ の関数で表すことができる．$x_1 \sim x_2$ の等速区間では位置に関わらず $v=v_0$，減速区間では減速開始を時刻の原点とすると，$v=v_0-at$，$x=-1/2at^2+v_0t$ だから

$$v=\sqrt{v_0^2-2ax} \tag{5-1}$$

である．指令器にプログラミングされている運動とは，この入力 x に対する出力 v の関係式(5-1)である．強調したいのは，この関数には時間の概念がないこと

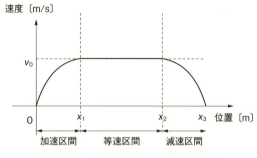

■図 5-3■ 横軸位置, 縦軸速度の関数

である. エンコーダが位置 x を計測すれば, 関数に従って直ちに速度 v が決定される. 本書では, この一連の制御システムをコマンドインクルーディッドループ制御と呼ぼう.

(1) 本当にうまく制御できるのか

指令器は位置情報を速度指令に変換し, 速度制御器とモータは速度指令をエンコーダの位置情報に変換する. 逆関数の関係なので, オープンループ制御なら外乱が無ければ問題なく動くだろう. 伝達関数で考えると $G(s) \times G(s)^{-1} = 1$ のようなものである. しかしながらループ構成をとっている以上オープンループではない. すると伝達関数で表すならば $\dfrac{G(s)G(s)^{-1}}{1+G(s)G(s)^{-1}} = \dfrac{1}{2}$ か？ しかし, それでは指令値の半分しか動かないことになる.

「うまく制御できる」という言葉を制御工学の言葉に直すと,

1. システムは可能な限り指令値どおりに動作する.
2. システムは可能な限り外乱の影響を受けない.
3. システムはモデル化誤差があっても安定である.

の 3 条件が成立している状態である[1]. 以下にこの 3 条件が満たされることを説明していこう. なお簡単のため図 5-4 のように速度制御器とモータの組み合わせを単純な積分器 1/s とし, 位置を x, 速度を $v=\dot{x}$, 指令器の関数を $v=f(x)$ とする. また, あらかじめ定められた時々刻々と変化する目標位置・目標速度には

5-1 スタッカークレーンへの適用例（取材協力：村田機械L&A事業部）

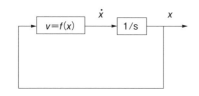

■図5-4■　簡略化した制御ブロック図

〜（チルダ）をつける．

1. システムは可能な限り指令値どおりに動作する．

現実のシステムの状態方程式は，図5-4のブロック図より，

$$\dot{x}(t) = 0x(t) + f(x(t)) \tag{5-2}$$

と表すことができる．一方，指令器は $\dot{\tilde{x}}(t) = 0\tilde{x}(t) + \tilde{v}(t)$ の解たる関数 $\tilde{v}(t) = f(\tilde{x}(t))$ であるから，

$$\dot{\tilde{x}}(t) = 0\tilde{x}(t) + f(\tilde{x}(t)) \tag{5-3}$$

である．一般的に必ずしも $x(t)$ と $\tilde{x}(t)$ は一致するものではないが，(5-2)式と(5-3)式を比較すると，初期時刻0のときの位置 $\tilde{x}(0) = x(0)$ が一致をしていれば，x と $\tilde{x}$ チルダが全く同一の時間軌道 $\tilde{x}(t) = x(t)$ をたどることは明らかであるから，外乱やパラメータ変動が無ければシステムは指令値どおりに動作する．（禅問答みたいだ）

2. システムは可能な限り外乱の影響を受けない．

現実に外乱やパラメータ変動が存在しないことはありえない．必ず摩擦などの外力やモデル化誤差（設計値と実際の値との差）が存在し，なにかの拍子に $\tilde{x}(t) \neq x(t)$ となる瞬間が起こり得る．それでも本制御手法は目標位置に到達するようにフィードバックされるのだろうか？　そこで位置の差分 $e(t) = \tilde{x}(t) - x(t)$ を考え，それが0に近づく方向に制御されることを説明する．0であれば，指令器が想定している位置に実際のシステムも到達できることになる．

(5-3)式 − (5-2)式を考える．

$$\dot{\tilde{x}}(t) - \dot{x}(t) = 0(\tilde{x}(t) - x(t)) + f(\tilde{x}(t)) - f(x(t))$$
$$\rightarrow \dot{e}(t) = f(\tilde{x}(t)) - f(x(t))$$

であるから,

(1) $f(\tilde{x}(t)) - f(x(t)) < 0$, すなわち $\dot{e} < 0$ で, このとき $e > 0$ であるならば $e = 0$ の方向に制御される

(2) $f(\tilde{x}(t)) - f(x(t)) > 0$, すなわち $\dot{e} > 0$ で, このとき $e < 0$ であるならば, やはり $e = 0$ の方向に制御される

(1) の記述は e が正で $\dot{e}$ が負ならば, 時間と共に e が減少して $e = 0$ に近づくことを, (2) の記述は e が負で $\dot{e}$ が正ならば時間と共に e が増加して $e = 0$ に近づくことを示している. いずれも, 指令器の想定している位置に実際のシステムが近づくことを意味する. では都合よく e と $f(\tilde{x}(t)) - f(x(t))$ はそのような符号の組み合わせになるのだろうか？

図5-3の減速区間のみの拡大図を**図5-5**に示す. 関数は $v = \sqrt{v_0^2 - 2ax}$ でグラフは単調減少であるから, 図5-5(a)において $\tilde{x}(t) > x(t)$, すなわち実際の位置決めが何らかの原因で遅れて $e(t) > 0$ となった時, 必ず $\dot{e}(t) = f(\tilde{x}(t)) - f(x(t)) < 0$ となる（上記(1)の状態）. 反対に図5-5(b)において $\tilde{x}(t) < x(t)$, すなわち実際の位置決めが何らかの原因で進んで $e(t) < 0$ となった時, 必ず $\dot{e}(t) = f(\tilde{x}(t)) -$

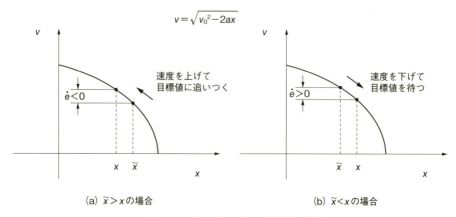

(a) $\tilde{x} > x$ の場合　　　　　　　(b) $\tilde{x} < x$ の場合

■ 図5-5 ■　指令器の持つ自動補正機能

$f(x(t))>0$ となる(上記(2)の状態).したがって $v=f(x)$ が単調減少の関数であるならば,外乱やパラメータ変動があっても自動的に目標位置との誤差が無くなるように補正されて,目標の位置に近づくことができる.

では,図5-3の加速区間ではどうだろうか?残念ながら $f(x)$ が単調増加の場合は上述の自動補整は効かない.例えば何かに押し込まれて位置 $x(t)$ が後退したとき,$f(x)$ は小さくなって $x(t)$ はより押し込まれる.そうなるとさらに $f(x)$ は小さくなり,さらに押し込まれて‥と加速度的に後退する.通常の制御であれば外乱を受けて後退すれば制御入力を増加させて対抗するのだが,コマンドインクルーディッドループ制御はそれができない.この制御法が有効であるのは,減速区間のみである.実際,搬送装置の制御では加速・等速区間は通常のオープンループ制御として動作させ,計測値 x を使用しないことになっている.

3. システムはモデル化誤差があっても安定である.

コマンドインクルーディッドループ制御は,通常のクローズドループ制御と本質的に異なるものだろうか.そこで**図5-6**にいわゆる線形制御と本制御を並べてみよう.プラントとしては同様に積分器を想定してある.

(a)が教科書にもよく登場する線形制御と言われるもので,指令値 x_0 から現在

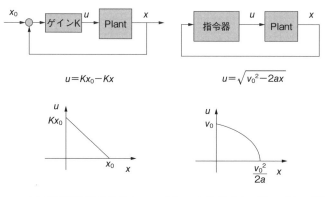

(a) 線形制御(比例ゲイン) (b) コマンドインクルーディッドループ制御

■図5-6■ 制御方式による速度指令の違い

位置 x を引いたものにゲイン K 倍をしたものがプラントへの入力 u となる比例制御である. x と u の関係のグラフは直線で, $x=0$ のとき $u=Kx_0$, $x=x_0$ のとき $u=0$ となる. 一方, (b) がコマンドインクルーディッドループ制御で, x と u の関係のグラフは曲線となり, $x=0$ のとき $u=v_0$, $x=v_0^2/2a$ のとき $u=0$ である. 一見してわかるように, グラフが直線か曲線かの違いだけで, 右下がりの単調減少という特徴は共通である. その意味では本制御法が特段変わったものである, というわけではない. 本質的には線形制御と同種のものである. 実際, さまざまなモデル化誤差を想定したシミュレーションを行っても, 高い精度で安定に目標位置に位置決めされることが確認され, その性能は通常のクローズドループ制御と遜色ない. むしろ, オーバーシュートを生じずに高速に位置決めができるという特徴は注目に値する.

(2) スタッカクレーンへの応用

これまで指令器の関数を単純な一定減速度波形として説明してきたが, これを本書によって開設した防振減速度波形に置き換えることによって, 機械系に振動を引き起こさない位置決めが実現できる. 村田機械では, これをスタッカクレーンの位置決めに応用している. スタッカクレーンとは読んで字の如し, 自動倉庫などにおいて荷物をスタック (積み重ね) するための搬送装置である. クレーンと言うと何かロープで吊り下げているイメージがあるが, そのような構造ではない.

図 5-7 がスタッカクレーンのイラストである. 箱詰めされた荷物を水平移動と昇降運動によって所定の棚に挿入, あるいは引き出して手元に搬送するための設備である. 水平方向の走行速度は最大 5 [m/s], 上下の昇降速度は最大 3 [m/s] に達し, 高さは 30 [m] を超えるものもある. 搬送物の質量は最大 1500 [kg], 昇降台の質量も加えると最大 2500 [kg] にもなる. すなわち, 現場では 30 [m] の高さに持ち上げられた 2500 [kg] の重量物を 5 [m/s] で動かし, その 30 [m] 先にある荷物を 10 [mm] 以内の精度で所定の場所に位置決めをしなければならないという, 極めて厳しい振動制御が要求される. もし 1 回の搬送が平均 10 [s]

5-1 スタッカークレーンへの適用例（取材協力：村田機械L&A事業部）

設置高：　　　　30[m]
走行速度：　　　5[m/s]
昇降速度：　　　3[m/s]
走行加減速度：　5[m/s²]
昇降加減速度：　3[m/s²]
昇降台重量：1000[kg]
搬送物重量：1500[kg]

数値は全機種共通での最大値

■図 5-7■　スタッカクレーンの仕様

で完結するとして，振動などのために 1 [s]＝10 [%] の待ち時間が生じるとすれば，10時間で1時間，1年で1ヶ月以上（!）のタイムロスにつながってしまう．このため，ことさら高速な振動制御が要求される．

図 5-8 に，スタッカクレーン上部の振動波形とその FFT 解析結果を示す．大きな構造物であるため，0.42 [Hz] のゆっくりとした振動が生じていることが確認できる．この装置に対して，本書の防振速度プロファイルを適用して動作させたときの先端の振動を図 5-9(b) に，指令器に従来の $1/3\sin$ 速度カーブを適用して動作させたときの先端の振動を同図(a)に示す．目標となる 10 [mm] の位置決め精度に収まる時間は，リファレンスガバナの方が 0.8 [s] ほど早いことが確認できる．

先に述べたように 0.8 [s] の差は本スタッカークレーンの使用顧客の収益に大きな影響を及ぼす．村田機械では，最新の振動制御技術を活用して，常に業界を一歩リードするシステムを実現している．

（本研究は村田機械株式会社 L&A 事業部と豊橋技術科学大学 寺嶋・野田・三好で実施されました）

第5章　実プラントへの適用事例

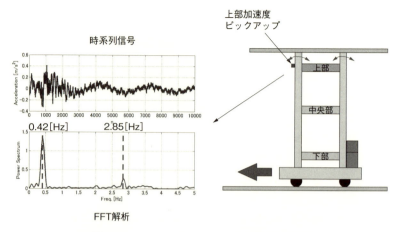

■図5-8■　スタッカクレーンの振動解析結果

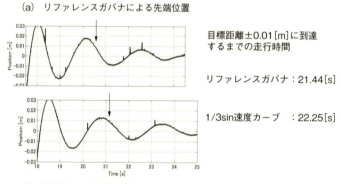

■図5-9■　防振プロファイルによる位置決め時間の高速化

5-2　マテリアルハンドリング装置への適用例（取材協力：近藤製作所）

　部品加工において，工作機Aから工作機Bへ素早く加工素材を移動させることが必要になる場合がある．こうしたときに活躍するのがマテリアルハンドリング装置である．中でも工作機の高さが異なる場合は，ガントリーと呼ばれる機械（**図5-10**）で，部品の高さを調整しながら相手工作機のチャック部分に素早く搬送することになる（**図5-11**）．このようなとき，タクトタイム向上の妨げになるのが振動問題である．

　工作機Aから部品を加速する際にロッドにしなりが生じて振動が生じてしまう場合もあれば，工作機Bの手前で減速する際にもロッドに振動が生じる．振動が継続している時間は工作機Bはチャッキングできず次の作業に移れないため，タクトタイム短縮の障壁となる．こうした問題に近藤製作所と共に取り組み，成果を上げたのが本事例である．

　本適用例における振動の状況を**図5-12**でつぶさに見てみよう．共振周波数の

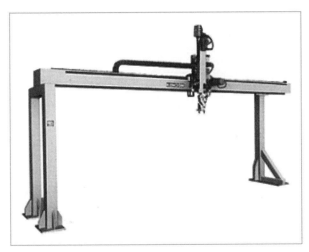

■図5-10■　ガントリー装置の一例

第5章 実プラントへの適用事例

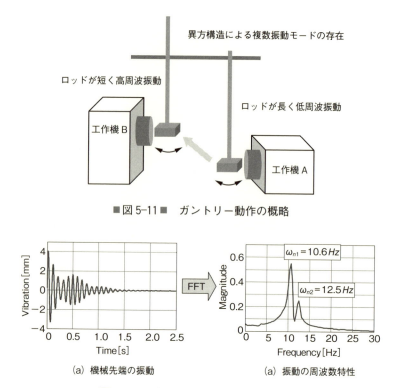

■ 図5-11 ■ ガントリー動作の概略

(a) 機械先端の振動　　(a) 振動の周波数特性

■ 図5-12 ■ 振動対策前の波形と周波数特性

同定のためにロッドを大きく振動させると，図5-12(a)のように2段構えの振動が観測された．この信号をFFTにかけて周波数解析すると，10.6 [Hz]＝66.6 [rad/s] と 12.5 [Hz]＝78.6 [rad/s] の2つの振動モードが確認され，2段構えの振動の正体は2つの共振周波数の相違による「うなり」であると推定された．うなりの周期は2つの振動周波数の差分で決定されることは高校の物理の通りで，今回の場合およそ2 [Hz] の差分であることから，うなりの周期は0.5 [s] となることが予想される．実際，2段目の振動の包絡線がおおよそ0.5 [s] となっていることから，推定の妥当性は裏付けられる．

こうした複数の振動モードは，構造の異方性により発生する場合がある．図5-13は，垂直方向に長いロッドを水平面で輪切りにし，上から見た断面図である．

5-2　マテリアルハンドリング装置への適用例（取材協力：近藤製作所）

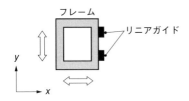

■図5-13■　異方構造を示すロッドの断面概略図

例えば，ロッド断面が長方形の構造である場合，断面2次モーメントの相違に基づく剛性の違いによって，長辺側と短辺側で共振周波数が異なることは容易に想像できる．あるいは，仮に正方形であったとしても，FRPの構造体の片側にリニアガイド等の構造物が取り付けられれば，方向によって剛性が異なることが予想される．理論的には片軸，例えばx軸の加速はx軸の振動しか生まないが，実際には加減速時のねじれなどによって，片軸の加減速が両軸の振動を励起する場合もある．

さて，ここで得られた2つの共振周波数を合成して，元の信号に最も一致するようなパラメータを探索すると，**図5-14**の結果が得られた．ω_{n1}, ω_{n2} はそれぞれの振動モードの共振角周波数，K_1, K_2 は，基準となる加速度から振動の振幅への変換係数，ζ_1, ζ_2 は，それぞれの減衰係数である．すなわち，ある基準となる加速に対してロッド先端の振動の伝達関数は，

$$G(s) = 2.93 \frac{66.6^2}{s^2 + 2 \times 0.032 \times 66.6 s + 66.6^2} + 1.27 \frac{78.5^2}{s^2 + 2 \times 0.034 \times 78.5^2 s + 78.5^2}$$

で表されることが判明した．この2つの共振周波数に対して，3章3-7節の2つの共振周波数に対するプリシェイピング法で立ち向かう．

ガントリーに適用する場合には，もう一つ重要な点がある．それは，ロッド長が加減速時で変化するため，共振周波数が移動することである．図5-11を見ると，工作機A側から加速する場合はロッドが長く，工作機Bの直前で減速する際はロッドが短くなる．これにより，加速時は低周波振動，減速時は高周波振動に対応した，異なる遅延時間を用いたプリシェイピング法を採用しなければならない．

さて，上記の結果に基づいて対策を施した実験結果を**図5-15**に示す．(a)のプ

第5章 実プラントへの適用事例

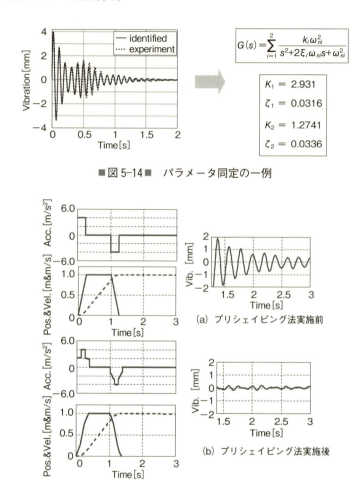

■図 5-14■ パラメータ同定の一例

■図 5-15■ プリシェイピング法の効果

リシェイピング法実施前と(b)のプリシェイピング実施後で，それぞれ左上部が加減速度，左下部が速度と位置のグラフ，そして右図がロッド先端の振動のグラフである．明らかに，プリシェイピング法によって振動が抑制されており，速やかに次の作業に移れることが期待できる．2つの周波数に対してプリシェイピング法を施すことによる加減速時間の増分は，3章より 0.047 [s]（10.6 [Hz] の半周期）+0.040 [s]（12.5 [Hz] の半周期）=0.1 [s] 弱であるが，たったこれ

5−2 マテリアルハンドリング装置への適用例（取材協力：近藤製作所）

だけの加減速時間を付加してやれば，ハードウェアのコストがゼロで大きな防振効果を得ることが確認できた．

　成果を上げた後でまとめれば，このように簡潔な記載になるが，もちろん，最初は五里霧中からのスタートで，問題解決には長きにわたっての試行錯誤があった．近藤製作所のコーポレートスローガンである「お客様の満足を求める」姿勢こそが，長期間にわたる共同研究を支え，成果につながったものと確信している．
（本研究は株式会社近藤製作所と豊橋技術科学大学 寺嶋・三好で実施されました）

文献一覧

[1]　システム制御工学−基礎編−，寺嶋一彦，三好孝典他，朝倉書店，2003

索　引

あ 行

位相	15
イナーシャ	63
インパルス信号	74
運動エネルギー	4, 49
運動方程式	117
エネルギー変換	7
凹型	148
オープンソース	136
オープンループ	12

か 行

ガントリー	161
境界条件	102, 117, 126
共振角周波数	92
共振周波数	4, 7
虚数 i	10, 22, 66
クローズドループ	28, 152
軽量化	2
ゲイン	15, 19
減衰振動	78
剛性	53
高速化	43
コスト	28, 70
コマンドインクルーディッド制御	152
固有角周波数	4
固有周期	4

近藤製作所	161

さ 行

サーボ剛性	61
最適化	102
最適性の定式化	117, 129
サイン加速	37
サンプリング	120
時間多項式法	30, 104, 111, 116
シミュレーション	80
自由振動	5
周波数応答線図	19
周波数伝達関数	13, 16
状態方程式	117
自励振動	5
振動系のモデル	7
振動周期	116, 148
振動制御	5
振動抑制	26
スタッカクレーン	158
ステッピングモータ	2, 57
ステップ加速	37, 80
正弦波	14
制約条件	102, 117, 126
セミクローズドループ	13, 28
線形計画法	116

索 引

た 行

台形速度プロファイル 152
タクトタイム向上 161
凸型 149

な 行

ナイキスト線図 17
ノギス 31
ノッチフィルタ 6, 30, 87

は 行

ハイパスフィルタ 89
バネ 44
バネ・マス・ダンパ系 13
バネ定数 54
反共振 65, 70, 85
非線形最適化手法 102
ビビリ 53
フィードバック 3
フィードフォワード 3
フーリエ変換 23, 93
複素数 66
フラット型 149
プリシェイピングコマンドインプット法
 70
プリシェイピング法 30, 70, 92, 116
フルクローズド 28, 70
防振 26
防振プロファイル 70, 87, 102, 116, 132
ボード線図 19
ポテンシャルエネルギー 4, 49

ま 行

村田機械 152
メンテナンス 103
モデルの離散化 117, 120

ら 行

ラグランジュの運動方程式 46, 49
ローパスフィルタ 89

数字・英字

2次計画法 30, 132
cos 波 97
MATLAB 102, 131, 146
Scilab 131, 136
sin 波 97
S字カーブ 36

―――― 著者紹介 ――――

三好　孝典（みよし　たかのり）

経歴：1963年兵庫県生まれ．1989年，大阪大学 工学部 電気工学科卒．ローランド・ディー・ジー(株)に入社．在職中の2000年に豊橋技術科学大学　電子・情報工学専攻　博士後期課程修了．2002年より豊橋技術科学大学 生産システム工学系講師として赴任する．2005年，ミュンヘン工科大学客員研究員（1年間），2007年に同系准教授．2017年ベンチャー企業(株)IMI設立，取締役兼任．

専門：制御工学／ロボット工学，IEEE，日本ロボット学会，日本機械学会，計測自動制御学会会員．
振動制御やパワーアシストシステムおよびIoT遠隔制御の研究に携わる．

よくわかる機械の制振設計
―防振メカニズムとフィードフォワード制御による対策法　　NDC 500

2018年2月25日　初版1刷発行　　（定価は，カバーに表示してあります）

　　　　　　　　©著　　者　　三　好　孝　典
　　　　　　　　　発行者　　井　水　治　博
　　　　　　　　　発行所　　日刊工業新聞社
　　　〒103-8548　東京都中央区日本橋小網町14-1
　　　　　　　　　　　電話　編集部　03（5644）7490
　　　　　　　　　　　　　　販売部　03（5644）7410
　　　　　　　　　　　ＦＡＸ　　　　03（5644）7400
　　　　　　　　　　　振替口座　　　00190-2-186076
　　　　　　　　　　　URL　http://pub.nikkan.co.jp/
　　　　　　　　　　　e-mail　info@media.nikkan.co.jp

　　　　　　　　　印刷・製本　美研プリンティング(株)

2018 Printed in Japan　　落丁・乱丁本はお取り替えいたします．
　　　　　　　　　　　　　　　　ISBN 978-4-526-07799-9
本書の無断複写は，著作権法上での例外を除き，禁じられています．